建筑工人岗位培训教材
编审委员会

主　任：沈元勤

副主任：高延伟

委　员：（按姓氏笔画为序）

王云昌	王文琪	王东升	王宇旻	王继承
史　方	仝茂祥	达　兰	危道军	刘　忠
刘长龙	刘国良	刘晓东	江东波	杜　军
杜绍堂	李　志	李学文	李建武	李建新
李斌汉	杨　帆	杨　博	杨　雄	吴　军
宋喜玲	张永光	陈泽攀	周　鸿	周啟永
郝华文	胡本国	胡先林	钟汉华	宫毓敏
高　峰	郭　星	郭卫平	彭　梅	蒋　卫
路　凯				

出 版 说 明

国家历来高度重视产业工人队伍建设，特别是党的十八大以来，为了适应产业结构转型升级，大力弘扬劳模精神和工匠精神，根据劳动者不同就业阶段特点，不断加强职业素质培养工作。为贯彻落实国务院印发的《关于推行终身职业技能培训制度的意见》（国发〔2018〕11号），住房和城乡建设部《关于加强建筑工人职业培训工作的指导意见》（建人〔2015〕43号），住房和城乡建设部颁发的《建筑工程施工职业技能标准》、《建筑工程安装职业技能标准》、《建筑装饰装修职业技能标准》等一系列职业技能标准，以规范、促进工人职业技能培训工作。本书编审委员会以《职业技能标准》为依据，组织全国相关专家编写了《建筑工人岗位培训教材》系列教材。

依据《职业技能标准》要求，职业技能等级由高到低分为：五级、四级、三级、二级、一级，分别对应初级工、中级工、高级工、技师、高级技师。本套教材内容覆盖了五级、四级、三级（初级、中级、高级）工人应掌握的知识和技能。二级、一级（技师、高级技师）工人培训可参考使用。

建筑工人岗位培训教材

电 焊 工

本书编审委员会　编写

王继承　主编

中国建筑工业出版社

图书在版编目（CIP）数据

电焊工/《电焊工》编审委员会编写. —北京：中国
建筑工业出版社，2018.6
建筑工人岗位培训教材
ISBN 978-7-112-22287-2

Ⅰ.①电…　Ⅱ.①电…　Ⅲ.①电焊-技术培训-教材
Ⅳ.①TG443

中国版本图书馆 CIP 数据核字（2018）第 113582 号

本书是根据《建筑工程安装职业技能标准》JGJ/T 306—2016 对工人的等级要求结合现行行业标准、规范、"四新技术"等内容编写，教材以中级工（四级）为主要培训对象，同时兼顾高级工（三级）、初级工（五级）的培训要求编写的电焊工培训教材。书中重点突出电焊工操作技能的训练要求，辅以适当的理论知识。文字通俗易懂、逻辑清晰、表述规范，图文并茂，适合现代工人培训及学习使用。

责任编辑：高延伟　李　明　李　慧
责任校对：李欣慰

建筑工人岗位培训教材
电　焊　工
本书编审委员会　编写
王继承　主编
*
中国建筑工业出版社出版、发行（北京海淀三里河路9号）
各地新华书店、建筑书店经销
霸州市顺浩图文科技发展有限公司制版
北京建筑工业印刷厂印刷
*
开本：850×1168毫米　1/32　印张：6　字数：161千字
2018年8月第一版　2019年11月第三次印刷
定价：**19.00**元
ISBN 978-7-112-22287-2
（32052）

本系列教材内容以够用为度，贴近工程实践，重点突出了对操作技能的训练，力求做到文字通俗易懂、图文并茂。本套教材可供建筑工人开展职业技能培训使用，也可供相关职业院校实践教学使用。

为不断提高本套教材的编写质量，我们期待广大读者在使用后提出宝贵意见和建议，以便我们不断改进。

本书编审委员会

2018 年 6 月

前　言

为提高建筑工人职业技能水平，加快培育具有熟练操作技能的技术工人，保证建筑工程质量和安全，促进广大建筑工人就业。根据住房和城乡建设部发布的行业标准《建筑工程安装职业技能标准》JGJ/T 306—2016 和现行国家标准、规范，结合建筑工人实际情况，组织编写本教材。本书内容以中级工（四级）为主要培训对象，同时兼顾高级工（三级）的培训要求。

本书对必须掌握的基础知识进行简明扼要的阐述，将操作技能作为编写重点，同时兼顾理论知识与技能操作相结合。在基础知识部分力求重点突出、少而精，做到图文并茂、深入浅出、通俗易懂。在技能操作方面贯彻学以致用的原则，介绍每种焊接方法之前，首先讲解焊接工艺参数的选择及焊接设备的使用，之后详细介绍技能实训案例的操作步骤及注意事项，使学员学习本书后，即能懂得焊接的基础知识，又能掌握焊接操作的基本要领和操作技能。

针对各级别的考核要求不同，学员针对本书需掌握的内容也有区别。初级工要求掌握以下内容即可：掌握第一章第一节的焊接概述，了解第二节识图知识部分内容（焊缝符号的表示方法），了解第三节金属材料的基本知识部分内容（低碳钢及低合金钢的物理力学性能及用途），掌握第四节焊接安全和健康；了解第二章第一节焊接材料中部分知识（常用焊条的基本知识），掌握第二节焊接工件准备中的部分知识（坡口准备及定位焊），掌握第三章第一节焊条电弧焊的部分知识（板状试件的平焊、立焊、横焊位置的焊接）；掌握第四章第一节焊接缺陷中的部分知识（焊缝的外观检查）。中级工和高级工要求掌握书本的全部知识。具体各级别的考核内容可参考《建筑工程安装职业技能标准》。

本书对于从事基础设施建设和房屋建筑工程施工的广大焊工和技术人员等，都具有很好的指导意义和较大的帮助。不仅有助于提高焊工操作技能水平和职业安全水平，更对保证建筑工程质量，促进建筑安装工程施工新技术、新工艺、新材料的推广与应用有很好的推动作用。

本书由中石化第四建设有限公司培训中心王继承、孟宇泽、曾宪巧、武立娜、李俊、张振连编写，全书由王继承统稿主编。在编写过程中参考了职业技能培训同类教材、国家职业技能鉴定标准和焊接手册等资料。得到了天津市城乡建设委员会人事教育处的大力支持和天津市建设教育培训中心的热诚帮助。在此，一并向相关编著者、有关部门领导和同行专家表示衷心感谢！由于编者知识水平所限，书中疏漏和欠妥之处，敬请专家和广大读者批评指正。

目　　录

一、焊接基础知识

（一）焊接概述

1. 焊接过程的物理本质

焊接就是通过适当的物理化学过程（加热、加压或两者并用），并且用或不用填充材料，使两个分离的固态物体产生原子（分子）间结合力而连接成一体的连接方法。

2. 焊接方法分类

根据焊接工艺过程的特点分为熔化焊、压力焊和钎焊三大类，如图 1-1 所示。

（1）熔化焊接

使被连接的构件表面局部加热熔化成液体，然后冷却结晶成一体的方法称为熔化焊接。为了实现熔化焊接，关键要有一个能量集中、温度足够高的加热热源。按热源形式的不同，熔化焊接基本方法分为：气焊（以氧乙炔或其他可燃气体燃烧火焰为热源）；铝热焊（以铝热剂放热反应热为热源）；电弧焊（以气体放电时产生的热为热源）；电渣焊（以熔渣导电时的电阻热为热源）；电子束焊（以高速运动的电子束流为热源）；激光焊（以单色光子束流为热源）等若干种。

其中，电弧焊按照采用的电极，又分为熔化极和非熔化极两类，熔化极电弧焊是利用金属焊丝（焊条）作电极同时熔化填充金属的电弧焊方法，它包括焊条电弧焊、埋弧焊、熔化极氩弧焊、CO_2 电弧焊等方法；非熔化极电弧焊是利用不熔化电极（如钨棒）进行焊接的电弧焊方法，它包括钨极氩弧焊、等离子弧焊等方法。

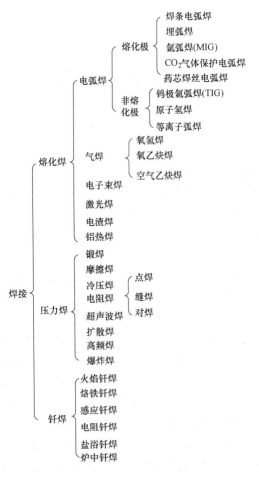

图 1-1 焊接方法的分类

（2）压力焊接

利用摩擦、扩散和加压等物理作用克服两个连接表面的不平度，除去（挤走）氧化膜及其他污染物，使两个连接表面上的原子相互接近到晶格距离，从而在固态条件下形成的连接统称为固相焊接。固相焊接时通常都必须加压，因此通常这类加压的焊接方法称为压力焊接。为了使固相焊接容易实现，大都在加压同时伴随加热措施，但加热温度都远低于焊件的熔点。

常用的压焊方法有：电阻焊、冷压焊、高频焊、摩擦焊、超声波焊等。

（3）钎焊

利用某些熔点低于被连接构件材料熔点的熔化金属（钎料）作连接的媒介物在连接界面上的流散浸润作用，然后冷却结晶形成结合面的方法称为钎焊。

常用的钎焊方法有：火焰钎焊、感应钎焊、炉中钎焊、盐浴钎焊、真空钎焊等。

3. 焊接方法代号表示方法

焊接方法代号一般采用三位数表示。其中，第一位数字表示工艺方法大类；第二位数字表示工艺方法分类；第三位数字表示某种工艺方法。焊接方法代号表示方法如下表 1-1：

焊接方法代号表示方法　　　　　　　　表 1-1

1 电弧焊	
11 无气体保护的电弧焊 111 焊条电弧焊 114 自保护药芯焊丝电弧焊	12 埋弧焊 121 单丝埋弧焊 122 带极埋弧焊 123 多丝埋弧焊 125 药芯焊丝埋弧焊
13 熔化极气体保护电弧焊 131 熔化极惰性气体保护电弧焊（MIG） 135 熔化极非惰性气体保护电弧焊（MAG）	14 非熔化极气体保护电弧焊 141 钨极惰性气体保护电弧焊（TIG）
15 等离子弧焊	18 其他电弧焊方法焊
2 电阻焊	
21 点焊 211 单面点焊 212 双面点焊	22 缝焊 221 搭接缝焊 222 压平缝焊
23 凸焊 231 单面凸焊 232 双面凸焊	24 闪光焊 241 预热闪光焊 242 无预热闪光焊

25 电阻对焊	29 其他电阻焊方法 291 高频电阻焊
3 气焊	
31 氧燃气焊 311 氧乙炔焊	312 氧丙烷焊 313 氢氧焊
4 压力焊	
41 超声波焊	42 摩擦焊
44 高机械能焊 441 爆炸焊	45 扩散焊
47 气压焊	48 冷压焊
5 高能束焊	
51 电子束焊	52 激光焊
7 其他焊接方法	
71 铝热焊	72 电渣焊
73 气电立焊	74 感应焊
75 光辐射焊	77 冲击电阻焊
78 螺柱焊 782 电阻螺柱焊 783 带瓷箍或保护气体的电弧螺柱焊 784 短路电弧螺柱焊	
8 切割和气刨	
81 火焰切割	82 电弧切割
83 等离子弧切割	84 激光切割
86 火焰气刨	87 电弧气刨
88 等离子气刨	
9 硬钎焊、软钎焊及钎接焊	

（二）识图知识

1. 焊缝符号的表示方法

焊缝符号是工程语言的一种，是用符号在焊接结构设计的图样中标注出焊缝形式、焊缝和坡口的尺寸及其他焊接要求。我国

的焊缝符号是由国家标准《焊缝符号表示法》GB/T 324—2008
统一规定的。

（1）焊缝符号

完整的焊缝符号包括基本符号、指引线、补充符号、尺寸符
号及数据等。为了简化，在图样上标注焊缝时通常只采用基本符
号和指引线，其他内容一般在有关的文件中（如焊接工艺规程
等）明确。

1）基本符号：基本符号是表示焊缝横截面基本形状或特征
的符号，见表1-2。标注双面焊缝或接头时，基本符号可以组合
使用，见表1-3。

2）补充符号

补充符号是为了补充说明焊缝或接头的某些特征（诸如表面
形状、衬垫、焊缝分布、施焊地点等）而采用的符号，见
表1-4。

3）指引线

指引线由箭头线和基准线（实线和虚线）组成，如图1-2
所示。

图 1-2　指引线

4）尺寸符号

焊缝尺寸符号，见表1-5。

焊缝基本符号　　　　　　　　　　表 1-2

序号	名　　称	示　意　图	符　　号
1	卷边焊缝① （卷边完全熔化）		八

序号	名　称	示　意　图	符　号
2	I 形焊缝		‖
3	V 形焊缝		V
4	单边 V 形焊缝		⊥
5	带钝边 V 形焊缝		Y
6	带钝边单边 V 形焊缝		⊬
7	带钝边 U 形焊缝		Y
8	带钝边 J 形焊缝		⊬
9	封底焊缝		⌣
10	角焊缝		◺
11	塞焊缝或槽焊缝		⊓
12	点焊缝		○

序号	名　　称	示　意　图	符　号
13	缝焊缝		⊕
14	陡边V形焊缝		⋃
15	陡边单V形焊缝		⊮
16	端焊缝		⫴
17	堆焊缝		⌒⌒
18	平面连接(钎焊)		＝
19	斜面连接(钎焊)		⫽
20	折叠连接(钎焊)		2

序号	名称	示意图	符号
1	双面 V 形焊缝（X 焊缝）		✕
2	双面单 V 形焊缝（K 焊缝）		К
3	带钝边的双面 V 形焊缝		Ж
4	带钝边的双面单 V 形焊缝		Қ
5	双面 U 形焊缝		✗

补充符号　　　　　　　　　　　　表 1-4

序号	名称	符号	说明
1	平面	▬	焊缝表面通常经过加工后平整
2	凹面	⌣	焊缝表面凹陷
3	凸面	⌢	焊缝表面凸起
4	圆滑过渡	⌣⌣	焊趾处过渡圆滑
5	永久衬垫	M	衬垫永久保留
6	临时衬垫	MR	衬垫在焊接完成后拆除
7	三面焊缝	⊏	三面带有焊缝
8	周围焊缝	○	沿着工件周边施焊的焊缝标注位置为基准线与箭头线的交点处
9	现场焊接	▸	在现场焊接的焊缝
10	尾部	﹤	可以表示所需的信息

尺寸符号 表 1-5

符号	名 称	示 意 图	符号	名 称	示 意 图
δ	工件厚度		c	焊缝宽度	
α	坡口角度		K	焊脚尺寸	
β	坡口面角度		d	点焊:熔核直径 塞焊:孔径	
b	根部间隙		n	焊缝段数	
ρ	钝边		ι	焊缝长度	
R	根部半径		e	焊缝间距	
H	坡口深度		N	相同焊缝数量符号	
S	焊缝有效厚度		h	余高	

（2）焊缝符号在图样上的表示方法

1）箭头线

箭头直接指向的接头侧为"接头的箭头侧"，与之相对的则为"接头的非箭头侧"。

2）基准线

基准线一般应与图样的底边平行，必要时也可与底边垂直。实线和虚线的位置可根据需要互换。

9

3）基本符号与基准线的相对位置

基本符号在实线侧时，表示焊缝在箭头侧；基本符号在虚线侧时，表示焊缝在非箭头侧；对称焊缝允许省略虚线；在明确焊缝分布位置的情况下，有些双面焊缝也可省略虚线。

4）尺寸及标注

横向尺寸标注在基本符号的左侧；纵向尺寸标注在基本符号的右侧；坡口角度、坡口面角度、根部间隙标注在基本符号的上侧或下侧；相同焊缝数量标注在尾部；当尺寸较多不易分辨时，可在尺寸数据前标注相应的尺寸符号，如图 1-3 所示。

图 1-3　尺寸标注方法

确定焊缝位置的尺寸不在焊缝中标注，应将其标注在图样上。

在基本符号的右侧无任何尺寸标注又无其他说明时，表示焊缝在工件的整个长度方向上是连续的。

在基本符号的左侧无任何尺寸标注又无其他说明时，表示对接焊缝应完全焊透。塞焊缝、槽焊缝带有斜边时，应标注其底部的尺寸。

2. 焊接装配图识读

焊接装配图是指实际生产中的产品零部件或组件的工作图。它与一般装配图的不同在于图中必须清楚表示与焊接有关的问题，如接头形式、焊接方法、焊接及验收技术要求等。如图 1-4 所示。

识读焊接装配图的方法和步骤：

（1）看标题栏和明细表，作概况了解

了解装配体的名称、性能、功用和零件的种类名称、材质、厚度、数量及其在装配图上的位置。

（2）分析视图

了解物体的尺寸及形状，分析整个装配图上有哪些视图，采用什么剖切方法，表达的重点是什么，反映哪些装配关系，零件之间的连接方式如何，了解有关焊接的接头形式、焊缝尺寸、焊接方法等。

（3）了解技术要求

了解设计图纸中或设计技术文件的技术要求。

（4）焊缝符号在图样上的识别

1）根据箭头线的指引方向了解焊缝在焊件上的位置。

2）看图样上焊件的结构形式（组焊焊件的相对位置）识别出接头形式。

3）通过基本符号可以识别焊缝（即焊缝的坡口）形式。

4）在基本符号的上（下）方有坡口角度及装配间隙。

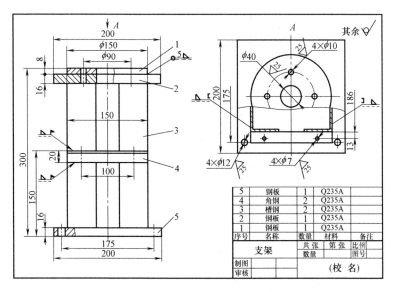

图 1-4　焊接装配图

11

如图 1-4 所示支架由五部分焊接而成，从主视图上看，有三条焊缝，一处是件 1 和件 2 之间，沿件 1 周围用角焊缝焊接；另两处是件 4 和件 3，角焊缝现场焊接。从 A 视图上看，有两处焊缝，用角焊缝三面焊接。

（三）金属材料基础知识

1. 金属材料的物理和力学性能

（1）常用金属材料的物理性能

金属材料的物理性能主要有密度、熔点、导热性、热膨胀性、导电性和磁性等。

1）密度　单位体积金属的质量。

2）熔点　纯金属和合金从固态向液态转变时的温度称为熔点。

3）导热性　金属材料传导热量的性能称为导热性。

4）热膨胀性　金属材料随着温度变化而膨胀、收缩的特性称为热膨胀性。

在实际工作中考虑热胀性的地方很多，例如异种金属焊接时要考虑它们的热胀系数是否接近。

5）导电性　金属材料传导电流的性能称为导电性。衡量金属材料导电性的指标是电阻率，电阻率越小，金属导电性越好。合金的导电性比纯金属差。

6）磁性　金属材料在磁场中受到磁化的性能称为磁性。

（2）常用金属材料的力学性能

金属材料的力学性能是材料在力的作用下所表现出来的性能。主要包括：强度、塑性、硬度、韧性、疲劳强度等。

1）强度

是指材料在外力作用下抵抗塑性变形和破裂的能力。抵抗能力越大，金属材料的强度越高。强度的大小通常用应力来表示，根据载荷性质的不同，强度可分为抗拉强度、抗压强度、抗剪强度、抗扭强度和抗弯强度，其中常用抗拉强度作为金属材料性能的主要指标。

2）塑性

塑性是金属材料在外力作用下（断裂前）发生永久变形的能力，常以金属断裂时的最大相对塑性变形来表示，如拉伸时的断后伸长率和断面收缩率、弯曲时的弯曲角。

3）硬度

材料抵抗局部变形，特别是塑性变形、压痕或划痕的能力称为硬度。硬度是衡量钢材软硬的一个指标，根据测量方法不同，其指标可分为布氏硬度（HBS）、洛氏硬度（HR）、维氏硬度（HV）。依据硬度值可近似地确定抗拉强度值。

4）冲击韧性

金属材料抗冲击载荷不致被破坏的性能，称为韧性。它的衡量指标是冲击韧性值。冲击韧性值指试样冲断后缺口处单位面积所消耗的功。金属的韧度通常随加载速度提高、温度降低、应力集中程度加剧而减少。

5）疲劳强度

金属材料在无数次重复交变载荷作用下，而不致破坏的最大应力，称为疲劳强度。

6）蠕变

在长期固定载荷作用下，即使载荷小于屈服强度，金属材料也会逐渐产生塑性变形的现象称蠕变。蠕变极限值越大，材料的使用越可靠。温度越高或蠕变速度越大，蠕变极限就越小。

2．常用金属材料的牌号、性能和用途

（1）碳素结构钢的牌号、性能和用途

碳素钢简称碳钢，是铁和碳合金。碳钢中以碳作为主要合金元素外，还有少量锰和硅有益元素和硫、磷等有害杂质。碳钢比合金钢价格低廉，产量大，具有必要的力学性能和优良的金属加工性能等，应用很广泛，大部分焊接结构都是用碳钢来制造。

1）分类

① 按钢的含碳量分类为：

低碳钢　含碳量<0.25%；

中碳钢　含碳量0.25%～0.60%；

高碳钢　含碳量>0.60%。

② 按钢的质量分类，根据钢中有害杂质硫、磷含量多少可分为：

普通质量钢 $S\leqslant0.05\%$，$P\leqslant0.045\%$；

优质钢 $S\leqslant0.035\%$，$P\leqslant0.035\%$；

高级优质钢 $S\leqslant0.025\%$，$P\leqslant0.025\%$；

特级质量钢 $S<0.015\%$，$P<0.025\%$。

③ 按钢的用途分类为：

结构钢　主要用于制造各种机械零件和工程结构件，其含碳量一般都小于0.70%。

工具钢　主要用于制造各种刀具、模具和量具，其含碳量一般都大于0.70%。

2）碳素结构钢的牌号

① 普通碳素结构钢的牌号、性能和用途

普通碳素结构钢的牌号由代表屈服强度的字母、屈服强度数值、质量等级符号、脱氧方法符号四个部分按顺序组成。表示形式如图1-5所示：

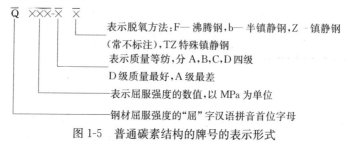

图1-5　普通碳素结构的牌号的表示形式

② 优质碳素结构钢的牌号、性能和用途

优质碳素钢主要用于制造重要的机器零件、结构，优质碳素结构钢的牌号用两位数字表示，这两位数字表示该钢平均含碳量的万分之几，例如 45 表示平均含碳量为 0.45％的优质碳素结构钢。

08～25 钢含碳量低，属于低碳钢。这类钢的强度、硬度较低，塑性、韧性及焊接性良好，主要用于制作冲压件、焊接结构件及强度要求不高的机械零件及渗碳件。

30～55 钢属于中碳钢。这类钢具有较高的强度和硬度，其塑性和韧性随含碳量的增加而逐步降低，切削性能良好。这类钢经调质后，能获得较好的综合性能。主要用来制造受力较大的机械零件。

60 钢以上的牌号属高碳钢。这类钢具有较高的强度、硬度和弹性，但焊接性不好，切削性稍差，冷变形塑性低。主要用来制造具有较高强度、耐磨性和弹性的零件。

（2）低合金结构钢的牌号、性能和用途。

低合金钢的全称是低合金高强度结构钢，其屈服强度范围一般在 295～980MPa 之间。主要在机械构件和工程结构中应用。它是在碳素钢的基础上有目的地加入少量合金元素的钢。常用的合金元素有：硅、锰、铬、镍、钼、钨、钒、钛、硼、铌等，其合金元素总量（质量分数）约在 1.5％～5％之间。在钢中加入少量合金元素的目的是提高钢的强度，改善其韧性，或使其具有特殊的物理、化学性能，如耐热、耐磨或耐蚀性能等。

1）分类

按用途分 $\begin{cases} 通用低合金高强度钢 \\ 专用低合金高强度钢 \end{cases}$

通用低合金高强度钢是属一般用途的低合金高强度结构钢，其应用面非常广泛，故又称为普通低合金高强度钢。根据《低合金高强度结构钢》GB/T 1591—2008 把这类钢以其屈服强度平均值划分为 345MPa、390MPa、420MPa、460MPa、500MPa、550MPa、620MPa 和 690MPa 八个强度等级，每个强度等级中又按 A、B、C、D、E 分成三个或五个质量等级。

专用低合金高强度钢是某一种行业专用的低合金高强度结构钢，如：船体结构用钢、桥梁结构用钢、建筑结构用钢、锅炉用钢、石油天然气工业输送钢管、压力容器用钢等。

2）低合金高强度钢的牌号、性能和用途

低合金高强度钢的牌号是按《钢铁产品牌号表示方法》GB/T 221—2008 的规定编制。其表示方法是：前面两位数字表示平均碳质量分数的万分数，后面的元素代号表示该钢所含的合金元素，元素后面的数字表示该元素平均质量分数的百分数。若不注出数字，则表示该元素的质量分数<1.5%。若其值>1.5%则四舍五入，相应注上 2、3 等。属专门用途的钢，在尾部注专用符号。属高级优质钢，则在最后加注"A"；属特级优质钢，则加注"E"。

对于通用的低合金高强度钢，则是按《低合金高强度结构钢》GB/T 1591—2008 和《高强度结构用调质钢板》GB/T 16270—2009 的规定，采用类似于碳素结构钢《碳素结构钢》GB/T700—2006 的表示方法，即在钢的牌号上直接反映出它的力学性能、质量等级。例如：Q345 钢是屈服强度为 345MPa 的低合金高强度钢；而 Q620E 钢则是屈服强度为 620MPa，质量等级为 E 级的低合金高强度结构钢。

（3）珠光体耐热钢的牌号、性能和用途

珠光体耐热钢属于低中合金结构钢，主要合金元素是铬、钼、钒，其总质量分数一般在 5%～7% 以下。其合金体系是：Cr-Mo 系、Cr-Mo-V 系、Cr-Mo-W-V 系、Cr-Mo-W-V-B 系和 Cr-Mo-V-Ti-B 系等。铬的主要作用是提高耐蚀性，铬的氧化物比较致密，不易分解，能有效地起到保护膜作用。钼是钢中主要强化元素，钼优先进入固溶体使其强化，提高钢的热强性。钼还能降低热脆敏感性。钒是强碳化物形成元素，钒的加入能促进钼全部进入固溶体，提高钢的高温强度。此外，加入微量元素 B、Ti、Re 等能吸附于晶界，延长合金元素沿晶界扩散，从而强化晶界，增加钢的热强性。

珠光体耐热钢通常是退火状态或正火＋回火供货。钢的组织为珠光体＋铁素体。这类钢在 500～600℃具有良好的耐热性，工艺性能好，又比较经济，是动力、石油和化工部门用于高温条件下的主要结构材料。如加氢、裂解氢和煤液化的高压容器等。

珠光体耐热钢的牌号是按《钢铁产品牌号表示方法》GB/T 221—2008 的规定编制。其表示方法是：

第一部分：前面两位数字表示平均碳质量分数的万分数；

第二部分：后面的元素代号表示该钢所含的合金元素；

第三部分：元素后面的数字表示该元素平均质量分数的百分数。若不注出数字，则表示该元素的质量分数＜1.5％。若其值＞1.5％则四舍五入，相应注上 2、3 等。

注：化学元素符号的排列顺序推荐按含量值递减排列，如果两个或多个元素的含量相等时，相应符号位置按英文字母的顺序排列。

第四部分：属专门用途的钢，在尾部注专用符号。属高级优质钢，则在最后加注"A"；属特级优质钢，则加注"E"。

（4）低温钢的牌号、性能和用途

低温钢是指工作在－10～196℃温度的钢，主要用于低温下工作的容器、管道和结构，如液化石油气储罐、冷冻设备及石油化工低温设备等。这类钢在低温下不仅要具有足够的强度，更重要的是还要具有足够好的韧性和抗脆性断裂的能力。

低温钢的牌号表示方法是：前面两位数字表示平均碳质量分数的万分数，后面的元素代号表示该钢所含的合金元素，元素后面的数字表示该元素平均质量分数的百分数。若不注出数字，则表示该元素的质量分数＜1.5％。若其值＞1.5％则四舍五入，相应注上 2、3 等。属专门用途的钢，在尾部注专用符号，比如 DR 表示低温压力容器用钢。

低温用钢可分为不含 Ni 及含 Ni 的两大类，其牌号、力学性能和所属标准。

（5）奥氏体不锈钢的牌号、性能和用途

奥氏体不锈钢在各种类型不锈钢中应用最为广泛，品种也最多。由于奥氏体不锈钢的 Cr、Ni 含量较高，因此在氧化性、中性以及弱还原性介质中均具有良好的耐蚀性。奥氏体不锈钢的塑韧性优良，冷热加工性能俱佳，焊接性优于其他类型不锈钢，因而广泛应用于建筑装饰、食品工业、医疗器械、纺织印染设备以及石油、化工、原子能等工业领域。

牌号采用化学元素符号和表示各元素含量的阿拉伯数字表示。各元素含量的阿拉伯数字表示应符合以下规定：

碳含量：用两位或三位阿拉伯数字表示碳含量的最佳控制值（以万分之几或十万分之几）只规定碳含量上限者，当碳含量上限不大于 0.10% 时，以其上限的 3/4 表示碳含量；当碳含量上限大于 0.10% 时，以其上限的 4/5 表示碳含量。对超低碳不锈钢（含碳量不大于 0.030%），用三位阿拉伯数字表示碳含量最佳控制值（以十万分之几）；规定上下限者，以平均碳含量×100表示。

合金元素含量：以化学元素符号及阿拉伯数字表示，表示方法同合金结构钢第二部分。钢中有意加入的铌、钛、锆、氮等合金元素，虽然含量很低，也应在牌号中标出。

（四）焊接安全技术

焊工的工作环境比较复杂有时甚至比较危险，如高空、密封容器及要与电、可燃及易燃、易爆气体、易燃液体等环境接触，在焊接过程中还会产生一些有害气体、金属蒸汽和烟尘以及电弧光的辐射等，如果焊接环境不符合要求或焊工不遵守安全操作规程，就可能引起触电、灼伤、火灾、爆炸、中毒等事故，这不仅给国家财产造成损失，而且直接影响焊工及其他工作人员的人身安全。

1. 安全用电知识

（1）电流对人体的伤害

电流对人体的伤害有电击、电伤及电磁场辐射三种类型。

电击是电流通过人体内部所造成的伤害，所以也称内伤。电伤是指电流的间接作用，也称电灼伤，主要是电对人体外部造成的局部伤害，如电流的热效应、化学效应、机械效应对人体造成的伤害。电磁场辐射是指在高频电磁场作用下，使人头晕、乏力、记忆力衰退、失眠多梦等神经系统的症状。

（2）影响电击严重程度的因素

电击是对人体最危险的触电伤害。电流通过人体内部时，破坏内部组织、影响呼吸、心脏和神经系统的正常功能。此时如果不采取急救措施，就会危及生命。

电击的危险程度和人体电阻的变化、通过人体电流的大小、电流的种类、电流通过的持续时间、电流通过人体的路径、电流频率、电压的高低以及人体的健康状况等因素有关。

（3）触电防护知识

1）严格执行焊工安全培训持证上岗制度以及加强安全生产管理。

2）设备和线路不应带电的部位要保持良好的绝缘，并且要经常检查，发现损坏及时修理。

3）不便于绝缘的带电体必须安装屏护装置。

4）电焊机及其电源线尽量放在人体不易接触的地方。所有交流、直流电焊机的外壳，均必须保护性接地和接零。

5）焊机的接地装置决不允许用氧气和乙炔管道以及其他可燃、易爆用品的容器和管道作为自然电极。

6）焊接电缆应具有较好的抗机械性损伤的能力，耐油、耐热和耐腐蚀等性能，以适应焊接工作的特点。焊接电缆应用整根的，中间不应有接头，如需用短线接长时，则接头不应超过两个，接头应用铜导体制成，须连接坚固可靠，并保证绝缘良好。

7）焊机与配电盘连接的电缆线，由于其电压较高，除应保障良好绝缘外，长度应不超过 2～3m 为宜，如确需用较长的导线时，应采取间隔等安全措施，即离地面 2.5m 以上沿墙布设。严禁将电源线拖在工作现场地面上。

8）禁用厂房的金属结构、管道、轨道或其他金属物搭接起来作为导线使用。

9）不得将电缆放在电弧附近或灼热的焊缝金属旁，避免高温烧坏绝缘层。横穿道路、马路时应加遮盖，避免碾压磨损等。

2. 焊接劳动保护

（1）焊接对人体健康的影响

焊接过程中，由于采用的焊接工艺方法的不同，被焊工件的材质不同，所用焊条和溶剂的种类不同，以及工件表面的涂物等原因，可产生各种职业性有害因素。因而焊工在作业过程中，会受到不同程度的危害。

1）金属烟尘

焊接产生的金属烟尘成分复杂，因其成分不同，对人体的危害程度也不同。在密闭容器、船舱和管道内焊接时，焊接烟尘浓度较大的情况下，又没有相应通风除尘措施，长时间接触会对焊工的身体健康产生影响，引起电焊工尘肺、锰中毒和金属热等职业病。

2）有毒气体

臭氧主要对人体的呼吸道及肺有强烈的刺激作用。氮氧化物对人体的危害主要是对肺有刺激作用。一氧化碳是一种窒息性气体，它对人体的毒性作用是由于经呼吸道吸入的一氧化碳，使氧在体内的输送或组织吸收氧的功能发生障碍，造成组织内缺氧，出现一系列缺氧的症状和体征。吸入较高浓度的氟及氟化氢气体或蒸汽，可立即产生眼鼻和呼吸道黏膜的刺激症状，引起鼻腔和黏膜充血、干燥及鼻腔溃疡，严重时可发生支气管炎及肺炎。

3）弧光辐射

焊接弧光辐射主要包括可见光线、红外线和紫外线。

焊接电弧产生的强烈紫外线对人体健康有一定的危害，可引起皮炎，皮肤上出现红斑，甚至出现小水泡、渗出液和浮肿，有烧灼、发痒的感觉。紫外线对眼睛的短时照射就会引起急性角膜结膜炎，称为电光性眼炎。

红外线对人体的危害主要是引起组织的热作用。焊接过程中，眼部受到强烈的红外线辐射，立即会感到强烈的灼伤和灼痛，发生闪光幻觉，长期接触还可能造成红外线白内障，视力减退，严重时能导致失明。此外还可造成视网膜灼伤。

焊接电弧的可见光线的光度，比肉眼正常承受的光度要大到一万倍以上。受到照射时，眼睛有疼痛感，一时看不清东西，通常叫电焊"晃眼"，在短时间内失去视力，但不久即可恢复。

4）高频磁场

在非熔化极氩弧焊和等离子弧焊时，常用高频振荡器来激发引弧，有的交流氩弧焊机还用高频振荡器来稳定电弧。

人体在高频电磁场的作用下会产生物理效应，焊工长期接触高频电磁场能引起植物神经功能紊乱和精神衰弱。表现为全身不适、头晕、疲乏、食欲不振、失眠及血压偏低等症状。

（2）焊接劳动保护

1）有害因素的防护

① 有害气体及烟尘的防护

焊接场地应有良好的通风，焊接区的通风是排出烟尘和有毒气体的有效措施。

② 弧光防护措施

设置防护屏。防护屏可用玻璃纤维布及薄铁板等制作，防护屏应涂刷灰色或黑色等无光漆。

采用不反光而能吸收光线的材料作室内墙壁的饰面。

从工艺上采取措施。例如针对弧光强烈的等离子弧焊接及等离子喷焊等，采取密闭罩措施，不但防护了强烈的弧光辐射，也排除了烟尘和有害气体。

采用个体防护。包括护目镜、工作服等。

③ 电磁场的防护

减少高频电的作用时间，若使用振荡器引弧，则可于引弧后立即切断振荡器线路。

工件良好接地，施焊工件的地线做到良好接地，能大大降低高频电流，接地点距工件越近，情况越能得到改善。

在不影响使用的情况下降低震荡器的频率，减小屏蔽把线及软线长度。

2）焊工个人防护

在焊接过程中，为了使焊工避免受到各种有害因素的伤害，除采取必要的组织和技术措施外，还需要加强焊工的个人防护，佩戴好防护用品。

① 焊接护目镜

焊接弧光中含有的紫外线、可见光、红外线强度均大大超过人体眼睛所能承受的限度，对人体眼睛危害最大的是紫外线和红外线。防护镜片的作用，是适当地透过可见光，使操作人员既能观察熔池，又能将紫外线和红外线减弱到允许值以下。

② 焊接防护面罩

焊接防护面罩是一种避免焊接熔融金属飞溅物对人体面部及颈部烫伤，同时经过滤光镜片保护眼睛的一种个人防护用品。最常用的有手持式面罩和头戴式面罩，以及送风面罩和头盔、安全面罩等。

③ 防护工作服

焊工用防护工作服，应具有良好的隔热和屏蔽作用，以保护人体免受热辐射、弧光辐射和飞溅物等伤害。常用白帆布工作服或铝膜防护服。

④ 电焊手套和工作鞋

电焊手套宜采用牛绒面革或猪绒面革制作，以保证绝缘性能好和耐热不易燃烧。

工作鞋应为具有耐热、不易燃、耐磨和防滑性能的绝缘鞋，现一般采用胶底翻毛皮鞋。新研制的焊工安全鞋具有防烧、防砸性能，绝缘性好，鞋底可耐热 200℃、15min 的性能。

⑤ 防尘口罩及防毒面具

当采用通风除尘措施不能使烟尘浓度降到卫生标准以下时，应配戴防尘口罩或防毒面具。

⑥ 噪声防护用具

国家标准规定若噪声超过 85db 时，应采取隔声、消声、减振和阻尼等控制技术。当采取措施仍不能把噪声降低到允许标准以下时，操作者应采用个人噪声防护用具，如耳塞、耳罩或防噪声头盔。

⑦ 安全帽

在高层交叉作业现场，为了预防高空和外界飞来物的危害，焊工还应戴安全帽。

⑧ 安全带

为了防止焊工在登高作业时发生坠落事故，必须使用符号国家标准的安全带。

3. 焊接安全操作规程

为了保证从业人员的人身安全和生产任务的顺利进行，要求每一名从事焊接的从业人员必须认真学习和掌握焊接安全操作技术，严格遵守和执行如下焊接安全操作规程。

（1）从业人员必须进行安全技术培训，考试合格并取得操作资格证后，方可上岗作业。

（2）作业前必须按标准穿戴好劳动保护用品，检查电焊机内部有无金属障碍、接头是否牢固；检查设备、工具的绝缘层有无破损、接地线完好性，在禁火区内进行焊割前，必须经安监部门审批许可后，方可作业。

（3）搬运焊机、检修焊机、更换保险丝、改变极性等必须切断电源才能进行。

（4）安装、检修焊机或更换保险丝等应由电工进行，焊工不得擅自操作。

（5）在焊接作业场地 10m 范围内，不得有易燃易爆物品及油漆未干的物品，焊接过程中要注意防爆、防火。

（6）焊工的手或身体的某一部分不能接触导电体，在潮湿地点操作时，必须站在干燥的绝缘物上，穿绝缘鞋。

（7）焊机到焊钳绝缘导线长度不超过 30m，并且是绝缘良好的橡皮线，接头处必须用胶布包缠。

（8）推、拉电源闸刀时，要戴绝缘手套，站在闸刀侧面，用左手推闸，动作要快，以防电弧火花灼伤脸部，同时右手不准接触电焊机外壳或其他金属结构上，在修理焊接和检修线路时，要切断电源，并在闸刀处挂上"禁止合闸"的警示牌。

（9）不准赤手更换电焊条，以免接触焊钳带电部分；焊条头不准乱扔，收集到指定地点。

（10）在起吊部件过程中，严禁边焊边吊，严禁在带电工件上焊接。

（11）禁止在高压的封闭容器（锅炉、高压蒸汽管、空气管道）上焊接。

（12）在工作点周围，防止电焊机线路与高压电线交叉，电焊机的一、二次线禁止混在一起。

（13）高、低压的线路划分明确，一次线需由电工负责接线，二次线由焊工负责。

（14）在露天作业时，如遇暴风雨、雪及雷电时，应停止工作，切断电源，在岸壁或船舷外侧作业时，要穿救生衣。

（15）与其他工种配合工作时，要防止他人触电和被电弧烧伤。

（16）电弧切割时噪声较大，操作者应戴耳塞，电弧切割时烟尘大，操作者应佩戴送风式面罩，作业场地必须采取排烟除尘措施，加强通风。

（17）电弧切割时大量高温液态金属及氧化物从电弧下被吹出，应防止烫伤和火灾。

（18）工作完后，要断电，盘好焊把线，盖好焊机防雨罩，处理好余火，并详细检查脚盖，手套，以防余火带进工具箱，造成事故，确认安全后方可离开。

二、焊前生产准备

（一）焊接材料

焊接过程中的各种填充金属以及为了提高焊接质量而附加的保护物质统称为焊接材料。随着焊接技术的迅速发展，焊接材料的应用范围日益扩大。而且，焊接技术的发展对焊接材料无论在品种和产量方面都提出了越来越高的要求。

1. 焊条

（1）电焊条的型号与牌号

1）电焊条的型号

焊条型号是以焊条国家标准为依据，反映焊条主要特性的一种表示方法。焊条型号包括以下含义：焊条类别、焊条特点（如焊芯金属类型、使用温度、熔敷金属化学成分或抗拉强度等）、药皮类型及焊接电源。不同类型焊条的型号表示方法也不同。

① 碳钢焊条型号

碳钢焊条型号编制方法为：首字母"E"表示焊条；前面的两位数字表示熔敷金属抗拉强度的最小值，单位为 kgf/mm^2（$1kgf/mm^2 = 9.81MPa$）；第三位数字表示焊条的焊接位置，"0"及"1"表示焊条适用于全位置焊接（即可进行平、立、仰、横焊），"2"表示焊条适用于平焊及平角焊，"4"表示焊条适用于向下立焊；第三位和第四位数字组合时表示焊接电流种类及药皮类型。

② 低合金钢焊条型号

低合金钢焊条型号按熔敷金属抗拉强度、拉伸性能要求、化学成分、药皮类型、焊接位置和焊接电源种类的划分。

低合金钢焊条型号编制方法与碳钢焊条基本相同，但后缀字母为熔敷金属化学成分的分类代号，并以短划"-"与前面数字分开。如还有附加化学成分时，附加化学成分直接用元素符号表示，并以短划"-"与前面后缀字母分开。

③ 不锈钢焊条型号划分

不锈钢焊条根据熔敷金属的化学成分、药皮类型、焊接位置及焊接电流种类划分型号。字母"E"表示焊条，"E"后面的数字表示熔敷金属化学成分分类代号，如有特殊要求的化学成分，该化学成分用元素符号表示放在数字的后面。短划"-"后面的两位数字表示焊条药皮类型、焊接位置及焊接电流种类。

如 E 308-15，型号后面附加的后缀（15、16、17、25、26）表示焊条药皮类型及焊接电源种类，后缀 15 表示焊条为碱性药皮，直流反极性焊接；后缀 16 表示焊条可以是碱性药皮，也可以是钛型或钛钙型药皮，交直流两用；后缀 17 是药皮类型 16 的变形，表示焊条为钛酸型药皮（用 SiO_2 代替药皮类型 16 中的一些 TiO_2），焊接熔化速度快，抗发红性能优良，可交直流两用。后缀 25 和 26 焊条的药皮成分和操作特征与药皮类型 15 和 16 的焊条非常类似，药皮类型 15 和 16 焊条的说明也适合于药皮类型 25 和 26。

2）电焊条的牌号

焊条牌号是根据焊条的主要用途及性能特点来命名的，一般可分为十大类。各大类焊条按主要性能不同再分成若干小类。焊条牌号通常以一个汉语拼音字母（或汉字）与三位数字表示。拼音字母（或汉字）表示焊条各大类，后面的三位数字中，前面两位数字表示各大类中的若干小类，第三位数字表示各种焊条牌号的药皮类型及焊接电源，焊条牌号中第三位数字列于表 2-1，其中盐基型主要用于有色金属焊条（如铝及铝合金焊条等），石墨型主要用于铸铁焊条及个别堆焊焊条中。

各类电焊条牌号分类编制方法如下：

① 结构钢焊条（包括碳钢和低合金高强钢焊条）

<h2>焊条牌号中第三位数字的含意</h2>

表 2-1

焊条牌号	药皮类型	焊接电源种类
□××0	不属已规定的类型	不规定
□××1	钛型	直流或交流
□××2	钛钙型	直流或交流
□××3	钛铁矿型	直流或交流
□××4	氧化铁型	直流或交流
□××5	纤维素型	直流或交流
□××6	低氢钾型	直流或交流
□××7	低氢钠型	直流
□××8	石墨型	直流或交流
□××9	盐基型	直流

注：表中"□"表示焊条牌号中的拼音字母或汉字，××表示牌号中的前两位数字。

牌号前加"J"（或"结"字）表示结构钢焊条。牌号前两位数字，表示焊缝金属抗拉强度等级，牌号第三位数字，表示药皮类型和焊接电源种类，药皮中含有多量铁粉、焊条效率为105％以上，在牌号末尾加注"Fe"字；焊条效率在125％以上时在"Fe"字后面再加两位数字，如 J506Fe13 等。结构钢焊条有特殊性能和用途的，则在牌号后面加注起主要作用的化学元素符号或主要用途的拼音字母。如图 2-1 所示。

牌号举例：

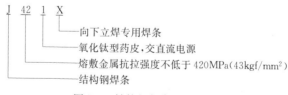

J　42　1　X
├── 向下立焊专用焊条
├── 氧化钛型药皮，交直流电源
├── 熔敷金属抗拉强度不低于 420MPa(43kgf/mm²)
└── 结构钢焊条

图 2-1　结构钢焊条牌号

② 钼和铬钼耐热钢焊条

牌号前加"R"（或"热"字），表示钼和铬钼耐热钢焊条。牌号第一位数字，表示熔敷金属主要化学成分组成等级。牌号第二位数字，表示同一熔敷金属主要化学成分组成等级中的不同牌号，对于同一组成等级的焊条，可有十个牌号，按 0、1、2、…、9 顺序编排，以区别铬钼之外的其他成分的不同。牌号第三位数字，表示药皮类型和焊接电源种类。如图 2-2 所示。

牌号举例：

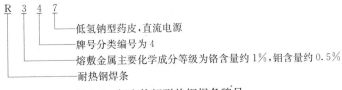

图 2-2　钼和铬钼耐热钢焊条牌号

③ 低温钢焊条

牌号前加"W"（或"温"字），表示低温钢焊条，牌号前两位数字，表示低温钢焊条作温度等级，参见表 2-2。牌号第三位数字，表示药皮类型和焊接电源种类。如图 2-3 所示。

牌号举例：

图 2-3　低温钢焊条牌号

低温钢焊条工作温度等级　　　　　　　　表 2-2

焊条牌号	工作温度等级（℃）
W60×	−60
W70×	−70
W90×	−90
W10×	−100
W19×	−196
W25×	−253

④ 不锈钢焊条

牌号前加"G"（或"铬"字）或"A"（或"奥"字），分别表示铬不锈钢焊条或奥氏体铬镍不锈钢焊条。牌号第一位数字，表示熔敷金属主要化学成分组成等级。

牌号第二位数字，表示同一熔敷金属主要化学成分组成等级中的不同牌号。对同一组成等级焊条，可有 10 牌号，按 0、1、

2、…、9 顺序排列，以区别镍铬之外的其他成分的不同。牌号第三位数字，表示药皮类型和焊接电源种类。如图 2-4 所示。

牌号举例：

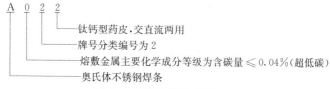

图 2-4　不锈钢焊条牌号

（2）焊条的选用

焊条的选用须在确保焊接结构安全、可靠使用的前提下，根据被焊材料的化学成分、力学性能、板厚及接头形式、焊接结构特点、受力状态、结构使用条件对焊缝性能的要求、焊接施工条件和技术经济效益等综合考虑后，有针对性的选用焊条，必要时还需进行焊接性试验。

1）焊条选用要点

① 考虑焊缝金属力学性能和化学成分

对于普通结构钢，通常要求焊缝金属与母材等强度，应选用熔敷金属抗拉强度等于或稍高于母材的焊条。对于合金结构钢，有时还要求合金成分与母材相同或接近。在焊接结构刚性大、接头应力高、焊缝易产生裂纹的不利情况下，应考虑选用比母材强度低的焊条。当母材中碳、硫、磷等元素的含量偏高时，焊缝中容易产生裂纹，应选用抗裂性能好的碱性低氢型焊条。

② 考虑焊接构件使用性能和工作条件

对承受动载荷和冲击载荷的焊件，除满足强度要求外，主要应保证焊缝金属具有较高的冲击韧度和塑性，可选用塑性、韧性指标较高的低氢型焊条。接触腐蚀介质的焊件，应根据介质的性质及腐蚀特征选用不锈钢类焊条或其他耐腐蚀焊条。在高温、低温、耐磨或其他特殊条件下工作的焊接件，应选用相应的耐热钢、低温钢、堆焊或其他特殊用途焊条。

③ 考虑焊接结构特点及受力条件

对结构形状复杂、刚性大的厚大焊接件，由于焊接过程中产生很大的内应力，易使焊缝产生裂纹，应选用抗裂性能好的碱性低氢焊条。对受力不大、焊接部位难以清理干净的焊件，应选用对铁锈、氧化皮、油污不敏感的酸性焊条。对受条件限制不能翻转的焊件，应选用适于全位置焊接的焊条。

④ 考虑施工条件和经济效益

在满足产品使用性能要求的情况下，应选用工艺性好的酸性焊条。在狭小或通风条件差的场合，应选用酸性焊条或低尘焊条。对焊接工作量大的结构，有条件时应尽量采用高效率焊条，如铁粉焊条、高效率重力焊条等，或选用底层焊条、立向下焊条之类的专用焊条，以提高焊接生产率。

2. 焊丝与焊剂

（1）焊丝型号与牌号

1）实心焊丝的型号与牌号

① 实心焊丝型号

焊丝型号的表示方法为 ER××-×，字母"ER"表示焊丝，ER后面的两位数字表示熔敷金属的最低抗拉强度，短划"-"后面的数字表示焊丝化学成分分类代号。

焊丝型号举例：

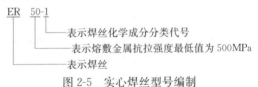

图 2-5　实心焊丝型号编制

② 实心焊丝牌号

牌号第一个字母"H"表示焊接用实心焊丝。H后面的一位或二位数字表示含碳量。接下来的化学符号及其后面的数字表示该元素大致含量的百分数。合金元素含量小于1%时，该合金元素化学符号后面的数字省略。在结构钢焊丝牌号尾部标有"A"或"E"时，A表示硫、磷含量要求低的高级优质钢。E为硫、磷含量要求特别低的焊丝。

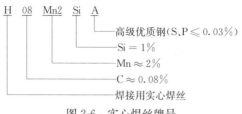

图 2-6　实心焊丝牌号

2）药芯焊丝的型号与牌号

① 药芯焊丝型号

碳钢药芯焊丝型号中，字母"E"表示焊丝，字母"E"后面的两位数字表示熔敷金属的力学性能。第三位数字表示推荐的焊接位置，其中"0"表示平焊和横焊位置，"1"表示全位置。字母"T"表示药芯焊丝，短划线后面的数字表示焊丝的类别特点。字母"M"表示保护气体为 75%～80%（Ar+CO$_2$），当无字母"M"时，表示保护气体为 CO$_2$ 或自保护类型。字母"L"表示焊丝熔敷金属的冲击性能，在 $-40℃$ 时其 V 型缺口冲击功不小于 27J，无"L"时，表示焊丝熔敷金属的冲击性能符合一般要求。

碳钢药芯焊丝型号编制方法示例如下：

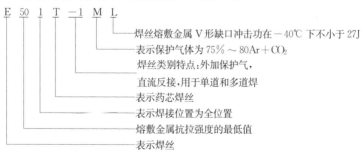

图 2-7　碳钢药芯焊丝型号编制

② 药芯焊丝牌号

在我国，过去为了方便用户选用，曾制定了统一牌号，如 YJ501-1。目前，各焊材生产厂开始编制自己的产品牌号，有的在原统一牌号前加上企业名称代号，如 AT-YJ507-1（安泰），有的另行编制，如 THY-5IB（天津大桥）等。下面以《焊接材料产品样本》中药芯焊丝牌号的编制方法为例进行说明。

药芯焊丝牌号示例：

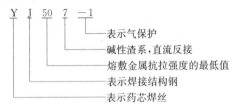

图 2-8　药芯焊丝牌号

第一位字母"Y"表示药芯焊丝，第二位字母"J"表示结构钢，字母后面的前两位数字表示熔敷金属抗拉强度最低值，第三位数字表示渣系和电流种类，如"1"表示金红石型，"2"为钛钙型，"7"为碱性渣系。短划"－"后的数字，表示焊接时的保护类型，如"1"表示气保护，"2"为自保护，"3"为气保护与自保护两用，"4"表示其他保护形式。

（2）焊剂型号与牌号

我国埋弧焊和电渣焊用焊剂主要分为熔炼焊剂和烧结焊剂两大类。

1）型号

我国低合金钢埋弧焊用焊剂型号根据焊缝金属力学性能和焊剂渣系来划分，表示方法如下：

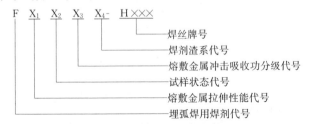

图 2-9　低合金钢埋弧焊用焊剂型号表示方法

字母"F"表示埋弧焊用焊剂；其后第一位数字代号 X_1 分为 5、6、…、10，表示熔敷金属拉伸性能，每类均规定了抗拉强度、屈服强度及伸长率三项指标，见表 2-3。第二位代号 X_2 表示试样状态：0 表示焊态，1 表示焊后热处理状态。第三位数字代号 X_3 分为 0、1、$\cdots$、6、8、10，表示熔敷金属冲击功 $\geqslant$ 27J 的试验温度，见表 2-4。第四位代号 X_4 分为 1、2、$\cdots$、6，表示焊剂渣系，见表 2-5。尾部"H$\times\times\times$"表示焊接时所采用的焊丝牌号。

焊剂型号第一位数字代号 X_1 的含意　　表 2-3

拉伸性能代号(X_1)	抗拉强度 σ_b(MPa)	屈服强度 $\sigma_{0.2}$(MPa)	伸长度 δ(%)
5	480~650	$\geqslant$380	$\geqslant$22.0
6	550~690	$\geqslant$460	$\geqslant$20.0
7	620~760	$\geqslant$540	$\geqslant$17.0
8	690~820	$\geqslant$610	$\geqslant$16.0
9	760~900	$\geqslant$680	$\geqslant$15.0
10	820~970	$\geqslant$750	$\geqslant$14.0

焊剂型号第三位数字代号 X_3 的含意　　表 2-4

冲击吸收功代号(X_3)	试验温度(℃)	冲击功(J)
1	0	
2	-20	
3	-30	
4	-40	
5	-50	$\geqslant$27
6	-60	
8	-80	
10	-100	

焊剂型号第四位数字代号 X_4 的含意　　表 2-5

焊剂渣系代号(X_4)	主要组分(%)	渣系
1	$CaO+MgO+MnO+CaF_2>50,SiO_2\leqslant20,CaF_2\geqslant15$	氟碱型
2	$Al_2O_3+CaO+MgO>45,Al_2O_3\geqslant20$	高铝型
3	$CaO+MgO+SiO_2>60$	硅钙型
4	$MnO+SiO_2>50$	硅锰型
5	$Al_2O_3+TiO_2>45$	铝钛型
6	不作规定	其他型

举例：F5121-H08MnMoA，表示低合金钢埋板焊用焊剂采用 H08MnMoA 焊丝，其试样焊后热处理后，熔敷金属抗拉强度为 480～650MPa，屈服强度不低于 380MPa，伸长率不低于22.0%，在－20℃时冲击吸收功不小于 27J，焊剂渣系为氟碱型。

2）牌号

① 熔炼焊剂

牌号前"HJ"表示埋弧焊及电渣焊用熔炼焊剂。牌号第一位数字表示焊剂中氧化锰的含量，牌号第二位数字表示焊剂中二氧化硅、氟化钙的含量，牌号第三位数字表示同一类型焊剂的不同牌号，按 0、1、2、…、9 顺序排列。对同一牌号生产两种颗粒度时，在细颗粒焊剂牌号后面加"X"字。

② 烧结焊剂

牌号前"SJ"表示埋弧焊用烧结焊剂。牌号第一位数字表示焊剂熔渣的渣系，牌号第二位、第三位数字表示同一渣系类型焊剂中的不同牌号的焊剂。

（3）常用埋弧焊焊剂及配用焊丝

① 熔炼焊剂的选用

目前我国生产的焊剂大部分是熔炼焊剂，有 30 余个品种，其中 HJ431 的产量占熔炼焊剂总产量的 80% 左右。埋弧焊熔炼焊剂用途及配用焊丝见表 2-6。

低碳钢焊接结构常采用 H08A 或 H08MnA 焊丝，一般选用高锰高硅焊剂（如 HJ431），通过焊剂可向焊缝金属中过渡一定的 Si、Mn 合金元素，使焊缝金属具有良好的综合力学性能。如果选用无锰、低锰或中锰焊剂时，则采用高锰焊丝（如 H08MnA）或某些合金钢焊丝也可获得满意的结果。焊接低合金钢结构时，应选用中性或碱性焊剂（如 HJ350、HJ250 等）。特别当焊接强度级别高而低温韧性好的低合金钢时，须选用碱度较高的焊剂。

② 烧结焊剂的选用

表 2-6

埋弧焊熔炼焊剂用途及配用焊丝

焊剂牌号	焊剂类型	用途	配用焊丝	焊剂颗粒度（目）	电流种类	使用前焙烘
HJ130	无 Mn 高 Si 低 F	低碳钢，普低钢	H10Mn2	8～40	交、直流	2×250
HJ131	无 Mn 高 Si 低 F	Ni 基合金	Ni 基焊丝	10～40	交、直流	2×250
HJ150	无 Mn 高 Si 中 F	轧辊堆焊	H₂Cr13，H3Cr-2W8	8～40	直流	2×250
HJ151	无 Mn 高 Si 中 F	奥氏体不锈钢	相应钢种焊丝	10～60	直流	2×300
HJ172	无 Mn 低 Si 高 F	含 Nb、Ti 不锈钢	相应钢种焊丝	10～60	直流	2×400
HJ173	无 Mn 低 Si 高 F	含 Mn、Al 高合金钢	相应钢种焊丝	10～60	直流	2×250
HJ230	低 Mn 高 Si 低 F	低碳钢，普低钢	H08MnA，H10Mn2	8～40	交、直流	2×250
HJ250	低 Mn 中 Si 中 F	低合金高强度钢	相应钢种焊丝	10～60	直流	2×350
HJ251	低 Mn 中 Si 中 F	珠光体耐热钢	CrMo 钢焊丝	10～60	直流	2×350
HJ252	低 Mn 中 Si 中 F	15MnV，14MnMoV，18MnMoNb	H08MnMoA，H10Mn2	10～60	直流	2×350
HJ260	低 Mn 高 Si 中 F	不锈钢，轧辊堆焊	不锈钢焊丝	10～60	直流	2×400
HJ330	中 Mn 中 Si 中 F	重要低碳钢，普低钢	H08MnA，H10Mn25SiA，H10MnSi	8～40	交、直流	2×250
HJ350	中 Mn 中 Si 中 F	重低合金高强度钢	MnMo，MnSi 及含 Ni 高强钢焊丝	3～40 / 14～80	交、直流	2×400
HJ351	中 Mn 中 Si 中 F	MnMo，MnSi 及含 Ni 普低钢	相应钢种焊丝	8～40 / 14～80	交、直流	2×400
HJ430	高 Mn 高 Si 低 F	重要低碳钢，普低钢	H08A，H08MnA	8～40 / 14～80	交、直流	2×250
HJ431	高 Mn 高 Si 低 F	重要低碳钢，普低钢	H08A，H08MnA	8～40	交、直流	2×250
HJ432	高 Mn 高 Si 低 F	重要低碳钢，普低钢（薄板）	H08A	8～40	交、直流	2×250
HJ433	高 Mn 高 Si 低 F	低碳钢	H08A	8～40	交、直流	2×350

我国烧结焊剂生产起步较晚，但发展还是比较快的，目前已经开发出二十多个品种。随着焊接自动化水平不断提高，烧结焊剂将会有较大的发展。常用国产烧结焊剂的特点及用途列于表2-7。

常用国产烧结焊剂的特点及用途　　　表2-7

牌号	渣系	特　　　点	用　　　途
SJ101	氟碱型	电弧燃烧稳定,脱渣容易,焊缝成形美观,焊缝金属具有较高的低温韧性,可交、直流两用	配合 H08MnA、H08MnMoA、H08Mn2MoA、H10Mn2 等焊丝,可焊接多种低合金钢,如锅炉、压力容器等,还适于多丝焊接,特别是大直径容器的双面单道焊
SJ301	硅钙型	焊接工艺性能良好,电弧稳定,脱渣容易,成形美观,可交、直流两用	配合适当焊丝可焊接普通结构钢、锅炉用钢、管线用钢等;还适于多丝快速焊接,特别是双面单道焊
SJ401	硅锰型	具有良好的焊接工艺性能和较高的抗气孔能力	配合 H08A 焊丝可焊接低合金钢,用于机车车辆、矿山机械等金属结构的焊接
SJ501	铝钛型	具有良好的焊接工艺性能和较强的抗气孔能力,对少量铁和氧化膜不敏感	配合 H08A、H08MnA 等焊丝焊接低碳钢及某些低合金钢,如锅炉、船舶、压力容器等,还适于多丝快速焊
SJ502	铝钛型	具有良好的焊接工艺性能,焊缝强度比用 SJ501 时稍高	配合 H08A 焊丝可焊接较重要低碳钢及某些低合金钢结构,适于快速焊

（二）焊接工件准备

1. 焊接坡口准备

（1）坡口形式

根据设计或工艺需要，在焊件的待焊部位加工成一定几何形状的沟槽，叫坡口。开坡口的主要目的是为了保证焊缝根部焊透，使焊接电极能深入接头根部，以确保接头质量，同时还能起到调节基体金属与填充金属比例的作用。

坡口的形式由《气焊、焊条电弧焊、气体保护焊和高能束焊的推荐坡口》GB/T 985.1—2008 等标准制定。常用的坡口形式有I形、Y形、带钝边U形、双Y形、带钝边单边V形坡口等；如图 2-10 所示。

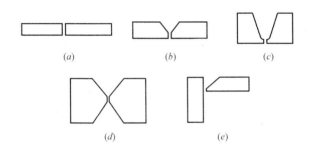

图 2-10　常用的几种坡口形式

(*a*) I 形坡口；(*b*) Y 形坡口；(*c*) 带钝边 U 形坡口；

(*d*) 双 Y 形坡口；(*e*) 带钝边单边 V 形坡口

1）选用坡口形式要综合考虑如下因素

① 达到所需的熔深和焊缝成形。这是保证焊接接头工作性能的主要因素。

② 具有可达性。即焊工能按工艺要求自如地进行运条，顺利地完成焊缝金属的熔敷，获得无工艺缺陷的焊缝。

③ 有利于控制焊接变形和焊接应力。这是为了避免焊接裂纹和减少焊后矫形的工作量。

④ 经济。要综合坡口加工费用和填充金属量消耗的大小。

2）几种常见坡口形式的特点

① V 形坡口

是最常用的坡口形式。这种坡口便于加工，焊接时通常为单面焊，焊后焊件容易产生变形。

② X 形坡口

是在 V 形坡口基础上发展起来的，采用 X 形坡口后，在同样厚度下，能减少焊缝金属量约 1/2，并且是对称焊接，焊后焊件的残余变形小，但缺点是焊接时需要翻转焊件。

③ U 形坡口

在焊件厚度相同的条件下 U 形坡口的空间面积比 V 形坡口小得多，所以当焊件厚度较大，只能单面焊接时，为提高生产率，可采用 U 形坡口。但这种坡口由于根部有圆弧，加工比较复杂，特别是在圆筒形焊件的筒壳上加工更加困难。

（2）坡口的几何尺寸

1）坡口面 焊件上的坡口表面叫坡口面，如图 2-11 所示。

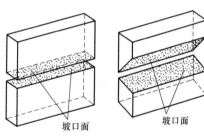

图 2-11　坡口面

2）坡口面角度和坡口角度

焊件表面的垂直面与坡口面之间的夹角叫坡口面角度，两坡口面之间的夹角叫坡口角度。开单面坡口时，坡口角度等于坡口面角度，开双面对称坡口时，坡口角度等于两倍的坡口面角度，如图 2-12 所示。

3）根部间隙

焊前，在焊接接头根部之间预留的空隙叫根部间隙，如图 2-12所示。根部间隙的作用在于焊接打底焊道时，能保证根部可以焊透。

4）钝边

焊件开坡口时，沿焊件厚度方向未开坡口的端面部分叫钝边，如图 2-12 所示。钝边的作用是防止焊缝根部烧穿。

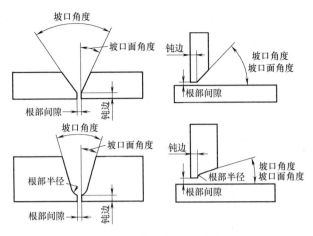

图 2-12　坡口的几何尺寸

5）根部半径

在 U 形坡口底部的半径叫根部半径。根部半径的作用是增大坡口根部的空间，使焊条能够伸入根部的空间，以保证根部焊透。

（3）坡口的制备

坡口制备包括坡口形状的加工和坡口两侧的清理工作。根据焊件结构形式、板厚和材料的不同，坡口制备的方法也不同。常用的坡口加工方法有以下几种。

1）剪切

用于Ⅰ形坡口（即不开坡口）的薄钢板的边缘加工。

2）刨削

用刨床或刨边机加工直边的坡口，能加工任何形状的坡口，加工后的坡口平直、精度高。薄钢板Ⅰ形坡口的加工可以多层钢板叠在一起，一次刨削完成，可提高效率。

3）车削

圆管、圆柱体、圆封头或圆形杆件的坡口均可在车床上车削加工。

4）专用坡口加工机加工

有平板直边坡口加工机和管接头坡口加工机，可分别加工平钢板边缘或管端的坡口。

5）热切割

普通钢的坡口加工应用最广泛的是氧—乙炔火焰切削，不锈钢采用等离子弧切割。能切割各种角度的直边坡口和各种曲线状焊缝的坡口，尤其适用切割厚钢板。

6）碳弧气刨

目前主要用于多层焊背面清焊根和开坡口。为了防止焊缝渗碳，焊前必须用砂轮把气刨的坡口表面打磨，以消除坡口表面渗碳层。经坡口加工后的待焊边缘，若受到油污、铁锈等污染，焊前须清除干净，简易方法有火焰烧烤或砂轮打磨等。

（4）坡口的清理

坡口表面上的油污、铁锈、水分及其他有害杂质，在焊接时会产生气孔、夹渣、未焊透、裂纹等缺陷，因此焊接前必须对坡口进行清理。

坡口清理的方法有机械方法和化学方法。通常采用角磨机进行坡口清理，坡口表面及两侧 20mm 范围内进行打磨并露出金属光泽。

2. 焊前装配及定位焊

（1）焊前清理

焊前清理是指焊前对接头坡口及其附近（约 20mm 内）的表面被油、锈、漆和水等污染的清除。用碱性焊条焊接时，清理要求严格和彻底，否则极易产生气孔和延迟裂纹。酸性焊条对锈不很敏感，若锈得较轻，而且对焊缝质量要求不高时，可以不清除。

（2）装配与定位焊

1）装配

接头焊前的装配主要是使焊件定位对中，以及达到规定的坡口形状和尺寸。装配工作中，两焊件接边之间的距离称间隙，它的大小和沿接头长度上的均匀程度对焊接质量、生产率及制造成本影响很大，这一点在焊接生产中往往被忽视。

接头设计采用间隙是为了使焊条很好地接近母材及接头根部。带坡口的接头，为了熔透根部，必须注意坡口角度和间隙的关系。减少坡口角度时，必须增加间隙。坡口角度一定时，若间隙过小，则熔透根部比较困难，容易出现根部未焊透和夹渣缺陷。于是加大背面清根工作量；如果采用较小的焊条，就得减慢焊接过程；若间隙过大，则容易烧穿，难以保证焊接质量，并需要较多的焊缝填充金属，这就增加焊接成本和焊件变形。如果沿接缝根部间隙不均匀，则在接头各部位的焊缝金属量就会变化。结果，收缩和由此引起的变形也就不均匀，使变形难以控制。

沿焊缝根部的错边可能在某些区域引起未焊透或焊根表面成形不良，或两者同时产生。

所以，焊件坡口加工质量与精度以及装配工作中的质量，直接影响到焊接质量、产量和制造成本，须引起重视。

2）定位焊

装配各焊件的位置确定之后，可以用夹具或定位焊缝把它们固定起来，然后进行正式焊接。定位焊的质量直接影响焊缝的质量，它是正式焊缝的组成部分。又因焊道短，冷却快，比较容易产生焊接缺陷，若缺陷被正式焊缝所掩盖而未被发现、将造成隐患。对定位焊有如下要求。

① 焊条

定位焊用的焊条应和正式焊接用的相同，焊前同样进行再烘干。不许使用废焊条或不知型号的焊条。

② 定位焊的位置

双面焊且背面须清根的焊缝，定位焊缝最好布置在背面；形状对称的构件，定位焊缝也应对称布置；有交叉焊缝的地方不设定位焊缝，至少离开交叉点 50mm。

③ 焊接工艺

施焊条件应和正式焊缝的焊接相同，由于焊道短，冷却快，焊接电流应比正常焊接的电流大 15％～20％。对于刚度大或有淬火倾向的焊件，应适当预热，以防止定位焊缝开裂；收弧时注意填满弧坑、防止该处开裂。

④ 焊缝尺寸

定位焊缝的尺寸视结构的刚性大小而定，掌握的原则是：在满足装配强度要求的前提下，尽可能小些。从减小变形和填充金属考虑，可缩小定位焊的间距，以减少定位焊缝的尺寸。

3. 焊接预热

预热是指焊前对焊件整体或局部进行适当加热的工艺措施，其主要目的是减小接头焊后的冷却速度、避免产生淬硬组织和减小焊接应力与变形。它是防止产生焊接裂纹的有效办法。

（1）焊前预热的要求

是否需要预热和预热温度的高低，取决于母材特性、所用的焊条和接头的拘束度。对于刚性不大的低碳钢和强度级别较低的低合金高强度钢的一般结构，一般不需预热。但对刚性大的或焊接性差而容易产生裂纹的结构，焊前需预热。焊接热导率很高的材料，如铜、铝及其合金，有时需要预热，这样可以减少焊接电流和增加熔深，也有利于焊缝金属与母材熔合。

必须指出，预热焊接不仅能源消耗、生产率低，而且劳动条件差。只要可能都应不预热或低温预热焊接。采用低氢型焊条可以降低预热温度，因其抗裂性能好，但焊条的含水量必须很低。只要允许，可按低组配的原则选用焊条，即采用熔敷金属的强度低于母材，而塑性和韧性优于母材的焊条施焊，这样可以降低预热温度或不预热。各种金属材料焊接所需的预热温度详见表2-8。

重要构件的焊接、合金钢的焊接及厚部件的焊接，都要求在焊前必须预热。焊前预热的主要作用如下：

1）预热能减缓焊后的冷却速度，有利于焊缝金属中扩散氢的逸出，避免产生氢致裂纹。同时也减少焊缝及热影响区的淬硬程度，提高了焊接接头的抗裂性。

钢材的预热温度   表 2-8

母材类别	名义壁厚 （mm）	规定的母材最小抗拉强度 （MPa）	预热温度 （℃）
碳钢	≥25	全部	≥80
	全部	＞490	
碳锰钢	≥15	全部	≥80
	全部	＞490	
Cr≤0.5％的铬钼合金钢	≥13	全部	≥80
	全部	＞490	
0.5％＜Cr≤2％的铬钼合金钢	全部	全部	≥150
2.25％≤Cr≤10％的铬钼合金钢	全部	全部	≥180
低温碳钢	≥25	全部	≥10
1.5Ni-3.5Ni	全部	全部	≥150
5Ni、8Ni、9Ni	全部	全部	≥10

2）预热可降低焊接应力。均匀地局部预热或整体预热，可以减少焊接区域被焊工件之间的温度差（也称为温度梯度）。这样，一方面降低了焊接应力，另一方面，降低了焊接应变速率，有利于避免产生焊接裂纹。

3）预热可以降低焊接结构的拘束度，对降低角接接头的拘束度尤为明显，随着预热温度的提高，裂纹发生率下降。预热温度和层间温度的选择不仅与钢材和焊条的化学成分有关，还与焊接结构的刚性、焊接方法、环境温度等有关，应综合考虑这些因素后确定。另外，预热温度在钢材板厚方向的均匀性和在焊缝区域的均匀性，对降低焊接应力有着重要的影响。局部预热的宽度，应根据被焊工件的拘束度情况而定，一般应为焊缝区周围各三倍壁厚，且不得少于150mm。如果预热不均匀，不但不减少焊接应力，反而会出现增大焊接应力的情况。

（2）焊前预热的方法

预热方法主要有火焰（氧＋乙炔、氧＋液化石油气、氧＋煤气等）加热法、工频感应加热法和远红外线加热法等。预热宽度一般在坡口每侧 75～100 mm 范围内保持均匀加热。对于厚度大的焊件，加热宽度适当加大。

1）火焰加热法

火焰加热法主要用于其他加热器难以放置的地方，是较早采用的一种加热方法。虽然热量损失大，控制温度难度大，但不需要专门设备，对于某些数量少、焊缝分散的焊接接头经常采用。

2）工频感应加热法

工频感应加热法是将焊件放在感应线圈里，在交变磁场中产生感应电热。当加热温度未超过居里点时，靠涡流及磁滞的作用使钢管发热。产生的热量与交变磁场的频率有关，频率越高，涡流及磁滞越大，加热越强。工频感应加热设备简单，尽管效率低，耗电量大，温度超过居里点以后升温困难，还有剩磁等缺点，仍多为采用。

3）远红外线加热法

远红外线加热法是近几年迅速发展起来的。加热原理是通过远红外线发热元件把能量转换为波长 2～20pm 的远红外线辐射到焊件上（焊件表面吸收远红外线后发热），再把热量向其他方向传导。这种加热方法适用于各种尺寸、形状的焊接接头，效果仅次于感应加热。远红外线加热耗电少，热效率高，设备比较耐用，容易实现自动化。

三、焊 接 技 术

（一）焊条电弧焊

1. 焊条电弧焊工艺参数及设备

（1）焊接工艺参数选择

焊条电弧焊的焊接工艺参数主要包括焊条直径、焊接电流、电弧电压、焊接速度和热输入等。

1）焊条直径

焊条直径是根据焊件厚度、焊接位置、接头形式、焊接层数等进行选择的。

厚度较大的焊件，搭接和 T 形接头的焊缝应选用直径较大的焊条。对于小坡口焊件，为了保证底层的熔透，宜采用较细直径的焊条，如打底焊时一般选用 $\phi2.5$ 或 $\phi3.2$ 焊条。不同的焊接位置，选用的焊条直径也不同，通常平焊时选用较粗的 $\phi(4.0\sim6.0)$ 的焊条，立焊和仰焊时选用 $\phi(3.2\sim4.0)$ 的焊条；横焊时选用 $\phi(3.2\sim5.0)$ 的焊条。对于特殊钢材，需要小工艺参数焊接时可选用小直径焊条。

2）焊接电流

焊接电流是焊条电弧焊的主要工艺参数，焊工在操作过程中需要调节的只有焊接电流，而焊接速度和电弧电压都是由焊工控制的。焊接电流的选择直接影响着焊接质量和劳动生产率。焊接电流越大，熔深越大，焊条熔化快，焊接效率也高，但是焊接电流太大时，飞溅和烟雾大，焊条尾部易发红，部分涂层要失效或崩落，而且容易产生咬边、焊瘤、烧穿等缺陷，增大焊件变形，还会使接头热影响区晶粒粗大，焊接接头的韧性降低；焊接电流太小，则引弧困难，焊条容易粘连在工件上，电弧不稳定，易产生未焊透、未熔合、气孔和夹渣等缺陷，且生产率低。因此，选择焊接电流时，应根据焊条类型、焊条直径、焊件厚度、接头形式、焊缝位置及焊接层数来综合考虑。首先应保证焊接质量，其次应尽量采用较大的电流，以提高生产效率。板厚较大的 T 形接头和搭接头，在施焊环境温度较低时，由于导热较快，所以焊接电流要大一些。

① 焊条直径。焊条直径越粗，熔化焊条所需的热量越大，必须增大焊接电流。

② 考虑焊接位置。在平焊位置焊接时，可选择偏大些的焊接电流，非平焊位置焊接时，为了易于控制焊缝成形，焊接电流比平焊位置小 10%～20%。

③ 焊接层次。通常焊接打底焊道时，为保证背面焊道的质量，使用的焊接电流较小；焊接填充焊道时，为提高效率，保证熔合好，使用较大的电流；焊接盖面焊道时，防止咬边和保证焊道成形美观，使用的电流稍小些。

3）电弧电压

当焊接电流调好以后，焊机的外特性曲线就决定了。实际上电弧电压主要是由电弧长度来决定的。电弧长，电弧电压高，反之则低。焊接过程中，电弧不宜过长，否则会出现电弧燃烧不稳定、飞溅大、熔深浅及产生咬边、气孔等缺陷；若电弧太短，容易粘焊条。一般情况下，电弧长度等于焊条直径的 0.5～1 倍为好，相应的电弧电压为 16～25V。碱性焊条的电弧长度不超过焊条的直径，尽可能地选择短弧焊；酸性焊条的电弧长度应等于焊条直径。

4）焊接速度

焊条电弧焊的焊接速度是指焊接过程中焊条沿焊接方向移动的速度，即单位时间内完成的焊缝长度。焊接速度过快会造成焊缝变窄，严重凸凹不平，容易产生咬边及焊缝波形变尖；焊接速度过慢会使焊缝变宽，余高增加，功效降低。焊接速度还直接决定着热输入量的大小，一般根据钢材的淬硬倾向来选择。

5）焊缝层数

焊缝层数视焊件厚度而定。中、厚板一般都采用多层焊。焊缝层数多些，有利于提高焊缝金属的塑性、韧性。对质量

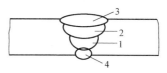

图 3-1　多层焊的焊缝

要求较高的焊缝，每层厚度最好不大于 4～5mm。图 3-1 所示为多层焊的焊缝。

图 3-2　直流弧焊机操作面板

（2）焊条电弧焊设备

手工焊条电弧焊的主要设备是弧焊机，俗称为电焊机或焊机。电焊机是焊接电弧的电源。现国内广泛使用的弧焊机是直流弧焊机。直流弧焊机是供给焊接用直流电的电源设备，如图 3-2 所示。其输出端有固定的正负之分。由于电流方向不随时间的变化而变化，因此电弧燃烧稳定，运行使用可靠，有利于掌握和提高焊接质量。使用直流弧焊机时，其输出端有固定的极性，即有确定的正极和负极，因此焊接导线的连接有正接和负接两种接法。

直流弧焊机具有 IGBT 逆变技术，可以实现远距离遥控，电源外特性和动特性好、引弧容易、飞溅小、不粘条，具备斜特性和陡降的电源特性，可广泛应用于各类酸、碱性焊条的焊接。

2. 焊条电弧焊操作技术

（1）Q235B 板对接平焊焊条电弧焊单面焊双面成型

1）Q235B 板对接平焊焊条电弧焊单面焊双面成型工艺指导书

Q235B钢板平焊焊接工艺指导书

焊接方法:焊条电弧焊　　　　　　接头形似:对接
焊接位置:平焊　　　　　　　　　试件规格(mm):300×125×12
焊条型号:E4315　　　　　　　　电流种类及极性:直流反接

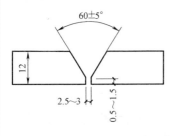 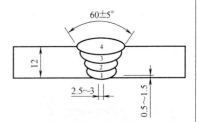

焊接主要参数

焊道分布	焊接层数	焊条直径(mm)	焊接电流(A)
第1层	打底层	3.2	90～100
第2层	填充层	3.2	120～130
第3层	填充层	3.2	120～130
第4层	盖面层	3.2	110～120

工艺要点:
A. 单面焊双面成型技术对钢板坡口钝边、装配间隙与装配错边要求较高,因此焊前应认真做好钝边打磨,严格控制装配间隙与装配错边量。
B. 打底层焊接时,采用连弧焊或断弧焊均可,可根据自己掌握的熟练程度选择。
C. 填充层焊接时,应预先计算好要填充的层数及填充层每一层厚度。
D. 盖面层焊接时,要防止出现焊缝咬边、余高超高、接头不良等焊接缺陷。
E. 保证焊缝成型美观,避免焊缝超宽、超高。操作时,还要保持焊缝的直线度。

2) 焊接

① 焊前准备。焊件规格为 300 mm×125 mm×12mm,坡口角度及组对尺寸见表3-1。

A. 工件采用 Q235B 低碳钢板，试件规格为 300mm×125mm×12mm。用剪板机或气割下料，然后再用刨床加工成 V 形 30°坡口。气割下料的焊件，其坡口边缘的热影响区应该用砂轮机打磨掉坡口面的氧化层和淬硬层。

试件组对的各项尺寸 表 3-1

坡口角度 （°）	间隙（mm）		钝边（mm）	反变形角度 （°）	错变量 （mm）
	始焊端	终焊端			
60±5	2.5	3.0	0.5～1	3	≤0.5

B. 焊接前用砂轮机清除坡口及表面 20mm 范围内的油、铁锈、污物等，使其表面露出金属光泽。

② 焊条。选用直径为 3.2mm 的 E4315 碱性焊条，焊条焊前经 300～350℃烘焙，保温 2h。焊条在烘干箱外停留时间不得超过 4h，否则，焊条必须放在烘干箱内重新烘干。焊条重复烘焙次数不得多于 2 次。

③ 焊接工艺参数。焊接工艺参数执行焊接工艺规程。

④ 操作要点：

A. 打底层首先从试件左边的定位焊处开始引弧，电弧引燃后稍作停留，预热后横向摆动向右边施焊，当焊接到定位焊点边缘时，将焊条向坡口根部下压稍作停顿（大约 1～2s），以便熔化定位焊点和坡口根部形成熔孔，听到"噗"的一声后马上把焊条提起到电弧正常的燃烧长度，即可向右正常施焊。

B. 打底焊时控制熔孔的大小决定背面成型的高低和宽窄的形状，所以在焊接时运条要均匀，前进速度要适当，要用锯齿形、月牙形或是直线运条法，要使焊接电弧的 2/3 覆盖在熔化的熔池上，电弧的 1/3 在熔池前的坡口间隙上，用来熔化和击穿根部坡口形成熔孔。如果前面熔孔过大或者是感觉熔池铁水下坠，这说明背面成型已过高或是背面马上要烧穿，这时要增加焊接速度或是横向摆动向母材坡口多熔化一些，使坡口根部热量降低。如果熔孔没有或不清晰，则表示根部熔合不好，或者是熔渣已流淌到了熔池前面，这时要调整焊条角度和焊接速度，减少摆动频率，以获得大小均匀的熔孔。第一根焊条收弧时不能直接拉起收弧，这样会形成收缩气孔和收弧裂纹，要将焊条向左边焊完的方向回焊 15mm 左右，迅速断弧。

C. 焊接填充层时，先把前一层的焊道的焊渣、飞溅清理干净，将前一层接头处打磨平整圆滑后再进行焊接。焊接时焊条摆动幅度要到坡口边缘，并注意两侧的熔合情况，并且摆动到每侧坡口时要停留 2～3s，使电弧充分熔化母材，中间摆动要稍快，这样才能形成焊道中间凹两边平的表面。

D. 最后一层填充时要保持焊道低于母材 0.5～1.5mm，焊条摆动到两边坡口边缘时注意不要熔化了坡口棱边，使盖面时能看清坡口边缘。

E. 盖面层焊接前把前一层的熔渣、飞溅清理干净，并把坡口两侧污物清理干净，再进行盖面焊接。焊接时焊条要摆动到坡口边缘并稍作停留，要等两边熔池填满后再摆动，以防止咬边，电弧熔化坡口边缘母材 1～1.5mm 为宜，摆动幅度要一致，运条速度要均匀，熔化母材的多少要统一，才能焊接出宽窄、高低、波纹均匀的焊道。平焊焊道应高出母材 2mm 为宜，焊接完成后要清理好坡口两侧的飞溅和焊接烟尘形成的污物。

3）焊后清理

焊完焊缝后，用敲渣锤清除焊渣，用钢丝刷进一步将焊渣、焊接飞溅物等清理干净。

（2）Q235B 板对接横焊焊条电弧焊单面焊双面成型

1）Q235B 板对接横焊焊条电弧焊单面焊双面成型焊条电弧焊工艺指导书

Q235B 钢板横焊焊接工艺指导书

焊接方法:焊条电弧焊 　　　　　接头形似:对接
焊接位置:横焊 　　　　　　　　试件规格(mm):300×125×12
焊条型号:E4315 　　　　　　　电流种类及极性:直流反接

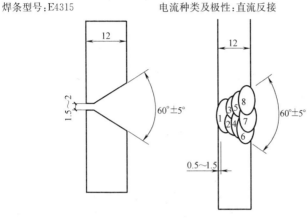

焊接主要参数

焊道分布	焊接层数	焊条直径(mm)	焊接电流(A)
第1道	打底层	3.2	70~80
第2、3、4、5道	填充层	3.2	120~140
第6、7、8道	盖面层	3.2	120~130

工艺要点:
A.打底层焊接时,必须保证焊透,同时避免其他缺欠产生。
B.中间层焊接时,首先要清理打底层焊接的熔渣,确保与打底层的充分熔合。
C.盖面层焊接时,应将中间层焊缝的熔渣清理干净,还要注意焊条角度变化。

2) 焊前准备

焊件规格为 300 mm×125 mm×12mm,坡口角度及组对尺寸见表3-2,组对示意图如图3-3、图3-4所示。

试件组对的各项尺寸　　　　　　　　　　　　表3-2

坡口角度 (°)	间隙(mm)		钝边(mm)	反变形角度 (°)	错变量 (mm)
	始焊端	终焊端			
60±5	3.2	4.0	0.5~1	3~4	≤1

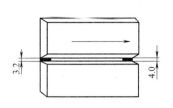

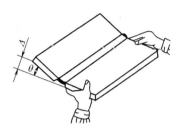

图 3-3　板横焊单面焊双面　　　图 3-4　板横焊预留反变形示意图
　　　　成型组对示意图

3）焊接工艺参数见焊接工艺指导书。

4）操作要点：

① 打底焊

A. 引弧位置。打底焊时在始焊端定位焊缝处引弧，上下摆动向右焊接，到达定位焊缝前沿时，电弧向焊根背面压送，稍作停顿，根部被熔化击穿，形成熔孔。

B. 运条方式和焊条角度。采用连弧焊法锯齿形运条，上下摆动，短弧焊接，向右连续施焊。焊条角度如图 3-5 所示，运条方法如图 3-6 所示。

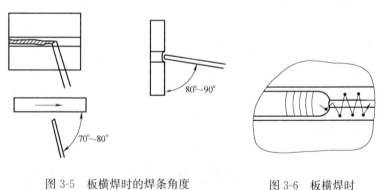

图 3-5　板横焊时的焊条角度　　　图 3-6　板横焊时
　　　　　　　　　　　　　　　　　　的运条方法

C. 控制熔孔和熔池。电弧在上坡口根部停留时间比在下坡口停留时间稍长，使上坡口根部熔化 1～1.5mm，下坡口根部熔化 0.5～1mm。电弧的 1/3 用来熔化和击穿坡口根部，控制熔孔，电弧的 2/3 覆盖在熔池上，保持熔池形状均匀一致。

D. 焊道接头。采用热接法或冷接法接头。收弧时，焊条向焊接反方向的下坡口面回焊 10～15mm，逐渐抬起焊条，形成缓坡；在距弧坑前约 10mm 的上坡口面将电弧引燃，电弧移至弧坑前沿时，稍作停顿，形成熔孔后，电弧恢复到正常焊接长度，再继续施焊。冷接法焊接前，先将收弧处焊道打磨成缓坡，再按热接法的引弧位置和操作方法焊接。

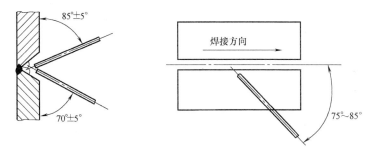

图 3-7　中间层焊接的焊条角度

② 填充焊

A. 填充焊施焊前先清除前道焊缝的焊渣、飞溅。

B. 填充焊可焊一层或焊两层。如果焊两层，第一层填充焊为单焊道，其焊条角度与打底层相同，但摆幅稍大。第二层填充层焊两道焊缝，先焊下焊缝，后焊上焊缝。焊条角度如图 3-7 所示。焊下面填充焊道时，电弧对准前层焊道下沿，稍摆动，熔池压住焊道的 1/2～2/3；焊上面填充焊道时，电弧对准前层焊道上沿并稍作摆动，熔池填满空余位置。填充层焊缝焊完后，其表面应距下坡口表面约 2mm 左右，距上坡口表面约 0.5mm 左右。不要破坏坡口棱边。

③ 盖面焊

A. 盖面层施焊时，焊条与焊件角度如图 3-8 所示。盖面层焊缝焊三道，由下至上焊接。每条盖面焊道要依次压住前焊道的 1/2~2/3。

B. 上面最后一条焊道施焊时，适当增大焊接速度或减小焊接电流，调整焊条角度，避免液态金属下淌和产生咬边。

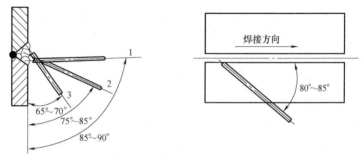

图 3-8　盖面层焊接的焊条角度

5）焊后清理

焊完焊缝后，用敲渣锤清除焊渣，用钢丝刷进一步将焊渣、焊接飞溅物等清理干净。

（3）Q235B 板对接立焊焊条电弧焊单面焊双面成型

1）Q235B 板对接立焊焊条电弧焊单面焊双面成型焊接工艺指导书

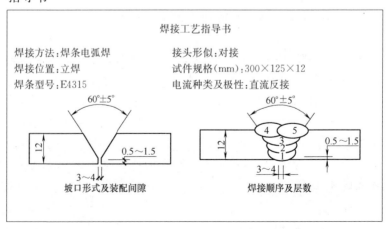

焊接主要参数

焊道分布	焊接层数	焊条直径(mm)	焊接电流(A)
第1道	打底层	3.2	80～90
第2、3道	填充层	3.2	120～140
第4、5道	盖面层	3.2	120～130

工艺要点：

A. 单面焊双面成型技术对钢板坡口钝边、装配间隙及装配错边要求较高，因此焊前应认真做好钝边打磨，严格控制装配间隙与装配错边量，不可马虎。

B. 打底层焊接时，采用连弧焊或断弧焊均可，可根据自己掌握的熟练程度选择。

C. 填充层焊接时，应预先计算好要填充的层数及填充层每一层厚度。

D. 盖面层焊接时，要防止出现焊缝咬边、余高超高、接头不良等焊接缺陷。

2）焊前准备：

焊件规格为 300mm×125mm×12mm，坡口角度及组对尺寸见表3-3，组对示意图同板横焊。

试件组对的各项尺寸   表 3-3

坡口角度 (°)	间隙(mm)		钝边(mm)	反变形角度 (°)	错变量 (mm)
	始焊端	终焊端			
60±5	3.2	4.0	0.5～1	3～4	≤1

3）焊接工艺参数执行焊接工艺指导书。

4）焊接要点：

① 打底

A. 引弧。从点焊处下端引弧，焊条与试板下倾角为 75°～80°，与焊缝两边夹角为 90°，引燃电弧后迅速把电弧拉到定位焊的斜口边缘，在那要稍作停顿，预热接头，然后将焊条往坡口根部压，在定位焊上方坡口钝边处两边各形成一个 0.5～1mm 熔孔，不能形成熔孔要停下来重新调大电流，因为有熔孔则表示反面有余高，熔孔大则反面余高过高，没有熔孔则反面没有余高或未熔透。

B. 焊接。运条方式采用月牙形或锯齿形运条，从下往上横向短弧操作，弧长不可以过大，弧长太长则容易产生气孔，运条遵循两边慢中间快的原则，两边停留的时间根据坡口钝边熔孔的情况决定，一定要保持有 0.5～1mm 的熔孔。熔孔小则停留的时间稍长，熔孔大则停留的时间稍短，在形成熔孔后向另一边运条时，最好有一个向外拉的小动作，这样可以得到更好的正面成形，动作要快，若不做这个动作，在打完底后焊缝正面两边会有死角，需要修磨。

C. 接头分为热接头和冷接头两种。

热接法。当弧坑还处在红热状态时，在弧坑下方 10~15mm 处的斜坡上引弧，并焊至收弧处，使弧坑根部温度逐步升高，然后将焊条沿预先做好的溶孔向坡口根部顶，使焊条与试件的下倾角增大到 90°左右，听到"噗噗"声后，稍作停顿，恢复正常焊接。停顿时间一定要适当，若过长，易使背面产生焊瘤；若过短，则不易接上头。另外焊条更换的动作越快越好，落点要准。

冷接头。当弧坑已经冷却，用砂轮或扁铲在已焊的焊道收弧处打磨出一个 10~15mm 的斜坡，在斜坡上引弧并预热，使弧坑的根部温度逐步升高，当焊至斜坡最低处时，将焊条沿预先做好的熔孔向坡口根部顶，听到"噗噗"声后，稍作停顿，并提起焊条进行正常焊接。

② 填充与盖面

A. 填充焊。在距焊件下端 10~15mm 处划擦引弧，引燃电弧后迅速拉至焊件下端处，然后采用月牙形或锯齿形运条，从下往上横向短弧操作，焊条与焊件的下倾角为 70°~80°，弧长不可以过长，太长则容易产生气孔，运条遵循两边慢中间快的原则，那样有利于焊缝两边的熔合和排渣，防止两边产生焊接死角和夹渣。填充层高度为距表面 1~1.5mm，形成凹形，不得熔化坡口边的棱边线，以利盖面时保持平直。

B. 盖面焊。盖面的引弧、焊条倾角和运条方式和填充是相同的，电流要比填充焊要小，焊条左右摆动时，在坡口两边棱角处稍作停顿，熔化坡口两边棱角 1~2mm，要填满，不能有咬边，前进速度要均匀。

（4）管水平转动焊条电弧焊单面焊双面成型

1）20 钢管水平转动焊条电弧焊单面焊双面成型工艺指导书。

20钢管水平转动单面焊双面成型焊接工艺指导书

焊接方法:焊条电弧焊 　　　　接头形似:对接
焊接位置:管水平转动 　　　　试件规格(mm):$\phi114\times6$
焊条型号:E4315 　　　　电源种类及极性:直流反接

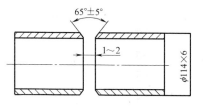 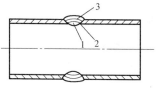

焊接主要参数

焊道分布	焊接层数	焊条直径(mm)	焊接电流(A)
第1道	打底层	3.2	60～80
第2道	填充层	3.2	90～120
第3道	盖面层	3.2	90～110

工艺要点:
A.打底层焊接时,采用连弧焊或断弧焊均可。
B.中间层焊接时注意接头应熔合良好,并相互错开。
C.盖面层焊接时,应将中间层焊缝的熔渣清理干净,收弧时应焊满弧坑,避免弧坑裂纹及咬边缺陷的产生。

2)焊接:

① 焊前准备

A. 焊件。采用20低碳钢管,试件规格为$\phi114\times6$mm,用机加工或气割下料,然后再用车床将焊件加工成35°的V形坡口。

B. 焊接前用砂轮机清除坡口及表面20mm范围内的油、锈、污物等,使其表面露出金属光泽。

C. 组对间隙为1～2mm,定位焊以薄透为宜。错边量不大于1mm。

3)焊接工艺参数见焊接工艺指导书。

4)操作要点:

① 打底焊为单面焊双面成型,既要保证坡口根部焊透,又要防止烧穿或形成焊瘤。采用灭弧焊方法,操作时,在管道截面

上相当于"10点半钟"的位置开始焊接，管子不停地转动，使焊接始终处于此位置。焊条伸进坡口内使 1/4～1/3 的弧柱在管内燃烧，以熔化两侧钝边。熔孔深入两侧母材 0.5mm。更换焊条进行焊缝中间接头时，操作方法与钢板平焊相同。在焊接过程中，经过定位焊缝，只需将电弧向坡口内压送，以较快的速度通过定位焊缝，过渡到坡口处进行施焊即可。

② 填充焊：填充层采用连弧焊进行焊接，施焊前应将打底层的熔渣、飞溅物清理干净。

③ 盖面焊：盖面层要满足焊缝几何尺寸要求，外形美观，与母材圆滑过渡，无缺陷。盖面焊时，焊条水平横向摆动的幅度应比填充焊稍宽，电弧从一侧摆动到另一侧时应稍快些，当摆动至坡口两侧时，电弧进一步缩短，并要稍微停顿以避免咬边。

（5）管水平固定单面焊双面成型焊条电弧焊

1）20 钢管水平固定单面焊双面成型焊条电弧焊焊接工艺规程。

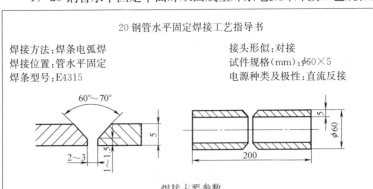

20 钢管水平固定焊接工艺指导书

焊接方法:焊条电弧焊　　　　　　接头形似:对接
焊接位置:管水平固定　　　　　　试件规格(mm):φ60×5
焊条型号:E4315　　　　　　　　电源种类及极性:直流反接

焊接主要参数

焊道分布	焊接层数	焊条直径(mm)	焊接电流(A)
第1道	打底层	3.2	100～110
第2道	盖面层	3.2	90～110

工艺要点:
A. 水平固定位置焊接属于全位置焊接,几乎涵盖所有的焊接位置,要求焊工有熟练的和高超的焊接技术水平。
B. 打底层焊接时,断弧要果断,起弧要准确,控制好坡口两侧的停顿时间。
C. 盖面层焊接时,应将打底层焊缝的熔渣清理干净,随时注意控制熔池的温度和焊接的速度,不可将打底层击穿,还要保持良好的焊缝成型。

2）焊接：

低碳钢管水平固定对接单面焊双面成形，焊接过程中要进行仰焊、立焊以及平焊等位置的操作。为此，在焊接位置不断变化的情况下，不仅要求焊条角度作相应的变化，而且焊接电流、熔滴送进速度也应该随着焊接位置的不断变化而作相应的调整。但是，焊接现场比较复杂，不可能去频繁地调整焊接电流。所以，在焊件水平固定不变的情况下要求焊缝根部必须焊透，这只能是靠焊工在焊接过程中，准确控制灭弧频率和调节熔滴的送进速度，以达到控制焊缝熔池温度和焊缝成形。因此，焊工必须在熟练掌握平焊、立焊、和仰焊的操作技术后才能进行该焊件的焊接。

① 焊前准备

A. 焊件。采用 20 低碳钢管，试件规格为 $\phi60\times5mm$，用机加工或气割下料，然后再用车床加工成 $35°$ 的 V 形坡口。

B. 焊接前用砂轮机清除坡口及表面 20mm 范围内的油、锈、污物等，使其表面露出金属光泽。

C. 组对间隙为 2～3mm，定位焊以薄透为宜。错边量不大于1mm。

3）焊接工艺参数：焊接工艺参数执行焊接工艺规程。

4）焊接操作要点：

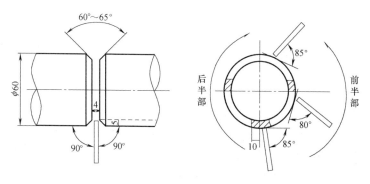

图 3-9　管水平固定焊焊条角度

① 焊条角度。焊条与钢管焊件熔池的切线夹角为 80°～85°。管对接水平固定焊的焊条角度如图 3-9 所示。

②焊缝打底：电弧引燃后，我们将电弧拖拽到焊缝垂直线的前方 10～15mm 处，对准焊缝，将电弧拉长至 4～5mm，利用弧区的高温对焊缝区域进行电弧预热 3～5s，然后将电焊条往焊缝处送进，并作微量摆动，将熔滴过渡到工件的两边，形成焊缝，从面罩的镜片中观察熔池的变化情况，如果发现熔池滴有下坠的现象，应马上采取断弧手法，当从面罩中看到熔池转暗时再继续施焊；这时一定要观察好熔池、压低电弧，电弧长度控制在 2mm 左右，控制好手法和焊接速度，采用焊条作月牙形摆动或直线上下摆动；当我们从仰焊过渡到立焊时，要注意随时调整焊条角度，将焊接的电弧 1/3 对准熔池，2/3 的电弧对准焊缝，控制好焊接速度，采用一"看"，随时观察熔池的大小，电弧的长短，电弧对准的部位，使其基本保持一致。二"听"，听熔池焊接的声音，凡是我们听到电弧在管道内有种"噗、噗"声，证明焊透。三"准"，施焊时熔孔的断点位置把握准确。当从立焊转入平焊时，要掌握好焊条角度，观察好熔池，焊条向两边轻微摆动，到顶部时要保证焊缝焊透。

顶部收弧：第一道打底焊当我们从底部逐一焊接到上部 150°的部位时，这时我们的焊接方式由立焊转成平焊，焊接手法采用半月牙形小范围摆动，电弧长控制在 2～4mm，必要的时候还必须采用断弧焊，与前面焊缝连接时要延长 10～15mm 才能停弧。盖面焊收弧时电弧长度控制在 2～4mm，在同一部位做圆周画弧两周然后停弧。

③ 盖面层焊接。焊接时，焊条与管外壁夹角比同位置打底层的角度大 5°～6°。焊接过程中，焊条采用月牙或横向锯齿形摆动运条法，焊工要不断地转动手腕和手臂，使焊缝成型良好。当焊条摆动在焊缝两端时，要稍作停留，防止产生咬边缺陷。

（6）插入式管板水平固定焊条电弧焊

1）插入式管板水平固定焊条电弧焊工艺规程。

焊接工艺指导书

焊接方法:焊条电弧焊
焊接位置:水平固定
焊条型号:E4315

接头形似:T形
试件规格(mm):管 $\phi60\times5$,板 $100\times100\times12$
电源种类及极性:直流反接

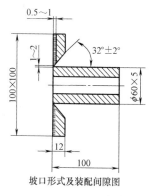

坡口形式及装配间隙图

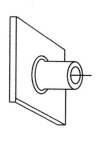

焊接位置示意图

焊接主要参数

焊道分布	焊接层数	焊条直径(mm)	焊接电流(A)
第 1 道	打底层	3.2	80～85
第 2 道	盖面层	3.2	100～110

工艺要点:
A. 打底层焊接时,先焊右半圈(逆时针施焊),后焊左半圈(顺时针施焊)。
B. 盖面层焊接时,应清理打底层熔渣,焊接顺序同打底层焊接。注意盖面层接头尽量不要和打底层接头完全重叠。
C. 不可有表面不允许产生的缺欠,保持焊缝成形美观。

2) 焊接:

① 插入式低碳钢管板水平固定对接单面焊双面成形特点

插入式低碳钢管板垂直固定对接焊条电弧焊,比较容易进行焊接,它与T形接头平角焊基本相同,但是,由于管壁薄、管板厚,在焊接过程中,焊接电弧与低碳钢管的角度要小些,注意电弧热量要均匀分配在管壁和管板上,防止钢管烧穿或未焊透。为了达到单面焊双面成形的质量要求,必须在管板上开出一定尺寸的坡口,使焊接电弧能够深入到坡口的根部进行焊接。

② 焊前准备

焊件管材材料为 20，规格为 60mm（管径）×5mm（壁厚）×100mm（长度）；板材材料为 Q235B。规格为 100mm（长）×100mm（宽）×12mm（厚）。沿板材中心切出直径为 64mm 的圆孔，并在板材上做坡口。图例见工艺指导书。

③ 工件组对

A. 对口间隙：2.0mm。

B. 定位焊：可采用一点定位，使用与正式焊接相同型号的焊条进行定位焊，焊点长度 10~15mm，焊角不可过高，定位焊点两端可削成斜坡，便于接头。

3）焊接工艺参数执行焊接工艺指导书。

4）操作要点及注意事项：

管板插入式水平固定焊接是管板焊接难度较大的位置，其操作技术涵盖了 T 形接头所有位置的操作技能，还要根据管道曲线变化调整焊条角。焊接时，分两个半圈进行。因试件厚度较小，可按两层两道施焊。

① 打底层焊接。将工件固定并保证管子轴线处于水平位置。因为采用的是一点定位，施焊顺序又是从下往上，所以定位焊点应置于时钟 12 点的位置。采用连弧焊接。前半圈，从相当于时钟 6 点处引弧，逆时针方向焊至相当于时钟 3 点处灭弧。用直线运条法施焊，保证根部焊透。此时，应迅速调整焊条角度，从时钟 3 点处上端 10mm 引弧，将电弧倒拉至时钟 3 点处接头。然后，继续按逆时针方向向上施焊，直至时钟 12 点处。这时应将始焊端（时钟 6 点处）和终焊端（时钟 12 点处）削成斜坡，便于接头。后半圈，从相当于时钟 6 点处接头，沿顺时针方向焊至相当于时钟 12 点处接头。应填满弧坑，清理熔渣。

② 盖面层焊接：盖面层焊接顺序与打底层焊接顺序相同。由于盖面层坡口较宽，运条时，焊条应做横向月牙形摆动，熔池两侧稍做停顿，保证焊缝两侧熔化良好，避免咬边的产生。

③ 防止缺欠产生的注意事项

A. 施焊时，应根据管子的曲率变化，随时调整焊条角度。

B. 运条时，速度要均匀，要保持熔池大小基本一致。

C. 按要求严格烘干焊条，使用保温桶，随用随取。

（二）埋　弧　焊

1. 埋弧焊工艺参数及设备

（1）埋弧焊工艺参数

埋弧焊是指电弧在焊剂层下燃烧以进行焊接的方法。自动埋弧焊是利用机械装置自动控制送丝和移动电弧的一种埋弧焊方法。埋弧焊主要适用于平焊、横焊和平角焊位置焊接。埋弧焊时影响焊缝形状和性能的因素主要是焊接工艺参数、工艺条件等。本节主要讨论平焊位置焊接工艺参数的影响情况。

焊接工艺参数的影响。影响埋弧焊焊缝形状和尺寸的焊接工艺参数有焊接电流、电弧电压、焊接速度和焊丝直径等。

① 焊接电流。当其他条件不变时，焊接电流与焊缝熔深成正比。电流小，熔深浅，余高和宽度不足；电流过大，熔深大，余高过大，易产生高温裂纹。为了获得合理的焊缝成形，在提高焊接电流的同时，也应当提高电弧电压。

② 电弧电压。在其他焊接参数不变的情况下，电弧电压和电弧长度成正比。埋弧焊焊接过程中，为了保持电弧稳定燃烧，总要保持一定的弧长，若弧长比稳定的弧长短，这时焊缝的宽度变窄，余高增加；若弧长比稳定的弧长长，则电弧电压偏高，焊缝宽度变大，余高变小，甚至出现咬边。

③ 焊接速度。焊接速度对熔深和熔宽都有影响，通常焊接速度小，焊接熔池大，焊缝熔深和熔宽均较大，随着焊接速度增加，焊缝熔深和熔宽都将减小，即熔深和熔宽与焊接速度成反比。焊接速度过小，熔化金属量多，焊缝成形差，焊接速度较大时，熔化金属量不足，容易产生咬边。实际焊接时，为了提高生

产率，在增加焊接速度的同时必须加大电弧功率，才能保证焊缝质量。

④ 焊丝直径。其他焊接参数不限情况下，如果减小焊丝直径，意味着焊接电流的密度增大，则电弧变窄，熔深增加。

⑤ 工艺条件对焊缝成形的影响。在其他条件相同时，增加坡口深度和宽度，焊缝熔深增加，熔宽略有减小，余高显著减小。在对接焊缝中，如果改变间隙大小，也可以调整焊缝形状，同时板厚及散热条件对焊缝熔宽和余高也有显著影响。

⑥ 焊丝倾角和工件斜度的影响。焊丝的倾斜方向分为前倾和后倾两种，如图 3-10 所示。倾斜的方向和大小不同，电弧对熔池的吹力和热的作用就不同，对焊缝成形的影响也不同。图 3-10（a）为焊丝前倾，图 3-10（b）为焊丝后倾。焊丝在一定倾角内后倾时，电弧力后排熔池金属的作用减弱，熔池底部液体金属增厚，故熔深减小。而电弧对熔池前方的母材预热作用加强，故熔宽增大。图 3-10（c）是后倾角对熔深、熔宽的影响。实际工作中焊丝前倾只在某些特殊情况下使用，例如焊接小直径圆筒形工件的环缝等。

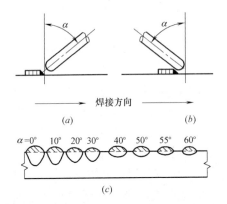

图 3-10　焊丝倾角对焊缝形成的影响

（a）前倾；（b）后倾；（c）焊丝后倾角度对焊缝形成的影响

⑦ 焊剂堆高的影响。堆高是指焊剂层的厚度。在正常焊接条件下，被熔化焊剂的重量与被熔化的焊丝重量相等，当堆高太小时，保护效果差，电弧露出，容易产生气孔；反之，堆高过大时，则熔深和余高变大。一般焊剂堆高以 30~50mm 为宜。

（2）埋弧焊设备

1）自动埋弧焊机主要由机头、控制箱、导轨（或支架）及焊接电源组成。常用的自动埋弧焊机有等速送丝和变速送丝两种，等速送丝自动埋弧焊机采用电弧电流自身调节系统，变速送丝自动埋弧焊机采用电弧电压自身调节系统；自动埋弧焊机按照焊丝的数目分为单丝式、双丝式和多丝式，目前在生产中应用大多是单丝焊；按照电极的形状分为丝极式和带极式；自动埋弧焊机按照工作需要将机头做成不同形式，常见的有焊车式、悬臂式、龙门式。

2）电源外特性。适用于埋弧焊的电源，一类具有陡降外特性；另一类具有缓降或平的外特性。具有陡降外特性的电源，其输出电压随着电流的增加而急剧下降，在变速送丝式（即弧压反馈自动调节系统）的埋弧焊机中需配用这类电源。具有缓降或平的外特性曲线的弧焊电源，其输出电流增加时，电压几乎维特恒定，这类电源输出的多为直流电，在等速送丝式（即电弧自身调节系统）的埋弧焊机中需配用这类电源。

3）埋弧焊机控制系统通常是小车式自动埋弧焊机的控制系统，包括电源外特性控制、送丝控制、小车行走控制、引弧和熄弧控制，悬臂式和龙门式焊车还包括横臂收缩、主机旋转以及焊剂回收控制系统等。

4）多丝埋弧焊。多丝埋弧焊是一种既能保证合理的焊缝成形和良好的焊接质量，又可以提高焊接生产率的有效方法。采用多丝单道埋弧焊焊接厚板时可实现一次焊透，其总的热输入量要比单丝多层焊时少。因此，多丝埋弧焊与常规埋弧焊相比具有焊接速度快、耗能省、填充金属少等优点。

5）带极埋弧焊。带极埋弧焊是由多丝（横列式）埋弧焊发展而成的。它用矩形截面的钢带取代圆形截面的焊丝作电极，不仅可提高填充金属的熔化量，提高焊接生产率，而且可增大焊缝成形系数，即在熔深较小的条件下大大增加焊道宽度，很适合于多层焊时表层焊缝的焊接，尤其适合于埋弧堆焊，因而具有很大的实用价值。

6）窄间隙埋弧焊。窄间隙埋弧焊是近年来新发展起来的一种高效率的焊接方法。它主要适用于一些厚板结构，如厚壁压力容器、原子能反应堆外壳、涡轮机转子等的焊接。这些焊件壁厚很大，若采用常规埋弧焊方法，需开 U 形或双 U 形坡口，这种坡口的加工量及焊接量都很大，生产效率低且不易保证焊接质量。采用窄间隙埋弧焊时，坡口形状为简单的 I 形，不仅可大大减小坡口加工量，而且由于坡口截面积小，焊接时可减小焊缝的热输入和熔敷金属量，节省焊接材料和电能，并且易实现自动控制。

2. 埋弧焊操作技术

（1）中厚板对接带垫板单面埋弧平焊

自动埋弧焊机的操作以 MZ-1000 型自动埋弧焊机为例。

1）准备工作

① 调整小车轨道位置，将焊接小车置于轨道上。

② 将准备好（经过烘干、筛选）的焊剂装入焊剂漏斗内，在焊丝盘上固定焊丝。

③ 同时合上焊接电源开关和控制电路的电源开关。

④ 按动控制盘上的焊丝控制按钮，调整焊丝位置，使焊丝对准待焊焊道中心处并与工件表面轻轻接触。

⑤ 调整导电嘴至工件间的距离，保证焊丝的伸出长度合适。

⑥ 转动开关按钮调到焊接位置上，并按照焊接方向，将焊接小车的换向开关按钮调到预设焊接方向的位置。

⑦ 按照焊接工艺规程选择焊接工艺参数。

⑧ 扳动焊接小车的离合器手柄，使主动轮与焊接小车减速器连接。

⑨ 打开焊剂漏斗阀门，使焊剂堆敷在待焊部位上。

2）焊接

按下焊接启动按钮接通焊接电源，此时焊丝稍向上提起；随即焊丝与工件之间产生电弧，并被拉长，当电弧电压达到设定值时，焊丝开始向下送进，小车开始向前移动。当焊丝的送丝速度与焊丝的熔化速度相等后，焊接过程稳定，焊接正常进行。

在焊接过程中，应随时注意观察焊接电流表和电弧电压表的读数以及焊接小车的行走路线，随时准备纠偏。还要随时准备增添焊剂漏斗中的焊剂，避免暴露弧光，影响焊接工作的正常进行。

3）结束焊接

① 首先将焊剂漏斗阀门关闭。

② 分两步按下停止按钮：第一步，将按钮按下一半，手先不要松开，此时送丝机构关闭，停止送丝，但电弧仍在燃烧，并被慢慢拉长，弧坑逐渐被填满。第二步，弧坑填满后，再将停止按钮按到底，这时焊接小车自动停止，焊接电源也被自动切断。

③ 扳动焊接小车离合器手柄，将小车沿轨道推至重新待焊位置。

④ 清除焊剂中的渣壳，将焊剂收回备用。

⑤ 检查焊缝外观质量，验证工艺参数。

⑥ 焊接完毕，必须切断所用电源，清理现场，确认无火种留下，方可离开。

（2）厚度为 20mm Q235B 钢板Ⅰ形坡口对接焊接工艺指导书

Q235B 钢板埋弧平焊焊接工艺指导书

焊接方法：自动埋弧焊　　　　　接头形式：对接
焊接位置：平焊　　　　　　　　试件规格(mm)：400×150×20
焊丝牌号：H08A　　　　　　　　电流种类与极性：直流反接
焊剂牌号：HJ431

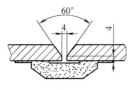 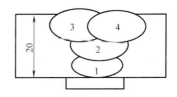

坡口形式及装配间隙

焊接主要参数

焊接层数位置	焊接电流（A）	电弧电压（A）	焊接速度（m/h）
正面	650～700	36～38	40

工艺要点：
A. 定位焊可采用焊条电弧焊，选用 E4303 焊条将引弧板及引出板焊在工件两端。引弧板及引出板尺寸为 100mm×100mm×12mm，焊后割掉。
B. 调整工艺参数，焊接中注意观察参数变化，随时准备纠正。
C. 焊层之间注意检查，不能存有缺欠，发现缺欠应及时处理。

（三）手工钨极氩弧焊

1. 手工钨极氩弧焊焊接工艺参数及设备

（1）手工钨极氩弧焊工艺参数

手工钨极氩弧焊的工艺参数有：焊接电源种类和极性、钨极直径、焊接电流、电弧电压、氩气流量、焊接速度、喷嘴直径及喷嘴至焊件的距离和钨极伸出长度等。必须正确选择并合理的配合，才能得到满意的焊接质量。

1）焊接电流

焊接电流主要根据工件的厚度和空间位置来选择，过大或过小的焊接电流都会使焊缝成型不良或产生焊接缺陷。钨极氩弧焊的焊接电流选择过小，电弧的燃烧就不稳定，甚至发生电弧偏吹现象，使焊缝表面成形及力学性能变差；如果焊接电流选择过大，不仅容易发生焊缝下榻、烧穿和咬边等缺陷，还会加大钨极的烧损量以及由此产生的焊缝夹钨，使焊缝力学性能变差。

2）电弧电压

电弧电压由弧长决定，电压增大时，熔宽稍增大，熔深减小。通过焊接电流和电弧电压的配合，可以控制焊缝形状。当电弧电压过高时，易产生未焊透并使氩气保护效果变差。因此，应在电弧不短路的情况下，尽量减小电弧长度。钨极氩弧焊的电弧电压选用范围一般是 $10\sim20V$。

3）焊接电源种类和极性

电源种类和极性可根据焊件材质进行选择，见表 3-4。

电源种类和极性的选择　　　　　表 3-4

电源种类和极性	被焊金属材料
直流正接	低碳钢、低合金钢、不锈钢、铜、钛及其合金
直流反接	适用于各种金属的熔化极氩弧焊，钨极氩弧焊很少采用
交　流	铝、镁及其合金

采用直流正接时，工件接正极，温度较高，适于焊厚件及散热快的金属，钨棒接负极，温度低，可提高许用电流，同时钨极烧损小。直流反接时，钨极接正极烧损大，所以很少采用。

采用交流钨极氩弧焊时，在焊件为负，钨极为正极性的半周时，阴极有去除氧化膜的作用，即"阴极破碎"作用。在焊接铝、镁及其合金时，其表面有一层致密的高熔点氧化膜，若不能除去，将会造成未熔合、夹渣、焊缝表面形成皱皮及内部气孔等缺陷。而利用反极性的半周时，正离子向熔池表面高速运动，可将金属表面氧化膜撞碎，在正极性的半周时，钨极可以得到冷却，以减少钨极的烧损。所以，通常用交流钨极氩弧焊来焊接氧化性强的铝、镁及其合金。

4）焊接速度。焊接速度加快时，氩气流量要相应加大。焊接速度过快，由于空气阻力对保护气流的影响，会使保护层可能偏离钨极和熔池，从而使保护效果变差。同时，焊接速度还显著地影响焊缝成型。因此，应选择合适的焊接速度。

5）钨极直径。钨极直径主要按焊件厚度、焊接电流的大小和电源极性来选择。如果钨极直径选择不当，将造成电弧不稳，钨棒烧损严重和焊缝夹钨等现象。当焊接电流较小时，采用较小直径的钨极，为了能够容易起弧并且稳定电弧燃烧，钨极需磨成 $20°\sim30°$ 的尖角；大电流焊接时，为了防止阴极斑点游动，稳定电弧，使加热集中，应把钨极磨成平顶的锥形。

6）氩气流量。为了可靠地保护焊接区不受空气的污染。必须有足够流量的保护气体。氩气流量越大，保护层抵抗流动空气影响的能力越强。但流量过大时，不仅浪费氩气，还可能使保护气流形成紊流，将空气卷入保护区，反而降低保护效果（氩气纯度：焊接不同的金属，对氩气的纯度要求不同。例如焊接耐热钢、不锈钢、铜及铜合金，氩气纯度应大于 99.99％；焊接钛及其合金、镍及镍基合金，要求氩气纯度大于 99.999％）。

7）喷嘴直径。增大喷嘴直径的同时，应增大气体流量，此时保护区大，保护效果好。但喷嘴过大时，不仅使氩气的消耗量增加，而且可能使焊炬伸不进去，或妨碍焊工视线，不便于观察操作。故一般钨极氩弧焊喷嘴以 $5\sim14mm$ 为佳。喷嘴直径也可按经验公式选择：

$$D=(2.5\sim3.5)d$$

式中　D——喷嘴直径（一般指内径），mm；

　　　d——钨极直径，mm。

8）喷嘴至焊件的距离。这里指的是喷嘴端面和焊件间的距离，这个距离越小，保护效果越好。所以，喷嘴距焊件间的距离应尽量小些，但过小使操作、观察不便。因此，通常取喷嘴至焊件间的距离为 $5\sim15mm$。

9）钨极伸出长度。为了防止电弧热烧坏喷嘴，钨极端部突出喷嘴之外。而钨极端头至喷嘴面的距离叫钨极伸出长度。钨极伸出长度越小，喷嘴与焊件之间距离越近，保护效果就好，但过近会妨碍观察熔池。通常焊钨极伸出长度为 $5\sim10mm$。

（2）手工钨极氩弧焊设备

手工钨极氩弧焊设备通常由焊接电源、引弧及稳弧装置、焊枪、供气系统、水冷系统和焊接程序控制装置等部分组成。对于自动氩弧焊还应包括焊接小车行走机构及自动送丝机构。

1）焊接电源

① 电源的外特性。钨极氩弧焊要求采用陡降外特性的电源，它可以减少或排除因弧长变化而引起的焊接电流波动。

② 电源种类。作为钨极氩弧焊的电源有直流电源、交流电源、交直两用电源和脉冲电源。这些电源从结构与要求上与一般焊条电弧焊并无多大差别，原则上可以通用，只是外特性要求更陡些。

2）引弧及稳弧装置

① 引弧方法

A. 短路引弧。利用钨极和引弧板或者工件之间接触引弧。短路引弧方法的缺点是钨极烧损较大，钨极端部形状易受到破坏。对于操作技术不太熟练的焊工，尽量少用。

B. 高频引弧。利用高频振荡器产生的高频高压击穿钨极与工件之间的间隙引燃电弧。

C. 高压脉冲引弧。在钨极与工件之间加一高压脉冲，使两极间气体介质电离而引弧。

② 稳弧方法

交流氩弧的稳定性很差，在正接性转换成反接性瞬间必须采取稳弧措施。

A. 高频稳弧。采取高频高压稳弧，可以在稳弧时适当降低高频的强度。

B. 高压脉冲稳弧。在电流过零瞬间加上一个高压脉冲。

C. 交流矩形波稳弧。利用交流矩形波在过零瞬间有极高的电流变化率，帮助电弧在极性转换时很快地反向引燃。

3）关于高频振荡器。高频振荡器的作用，一般的高频振荡器的作用是把工频电压转换成高频脉冲，改进后的振荡电路是把中频转换成高频。

4）焊枪。氩弧焊枪一般由喷嘴、电极夹头、夹头套管、绝缘帽、进气管、冷却水管等部分组成，如图 3-11 所示。焊枪的作用是夹持钨极、传导焊接电流、输送氩气，同时应满足以下要求。

① 具有良好的导电性能。

② 氩气气流具有良好的流动状态和一定的挺度，使熔池得到可靠的保护。

③ 应有冷却渠道，以确保长时间的正常工作。

④ 喷嘴与钨极之间绝缘良好。质量轻，结构紧凑，便于维修。

钨极氩弧焊的焊枪分为气冷式和水冷式。前者用于较小电流焊接，后者用于大电流焊接。

5）喷嘴。氩弧焊时，常用的易损件是喷嘴。喷嘴的材料有陶瓷、纯铜和石英3种。高温陶瓷喷嘴既绝缘又耐热，应用广泛，使用的焊接电流一般不超过350A。纯铜喷嘴使用的电流可达500A。石英喷嘴较贵，但焊接时的可见度较好。目前，经常使用的喷嘴形式有3种，即：截面收敛形等截面形和截面扩散形，如图3-12所示。

6）供气及水冷系统

供气系统由高压气瓶、减压阀、气体流量计和电磁阀组成，如图3-13所示。

7）水冷系统。焊接电流大于100A的焊枪，一般设计为水冷式，用水冷却焊枪和

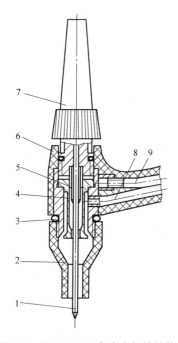

图 3-11　PQ1—150 水冷式焊枪结构
1—钨极；2—陶瓷喷嘴；3—密封环；4—轧头套管；5—电极轧头；6—枪体塑料压制作；7—绝缘帽；8—进气管；9—冷却水管

钨极。对于水冷式焊枪，通常是将焊接电缆装入通水的密封软管中，并且在由进水管、出水管组成的水冷系统中串接水压开关，当水流量不足时，保护控制系统，不通电，防止烧毁焊枪。也可以在水冷系统内接入循环水泵，将水箱内的水循环使用。

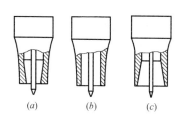

图 3-12　常见的喷嘴形式

（a）截面收敛形；（b）等截
面形；（c）截面扩散形

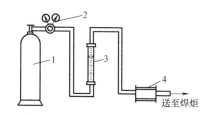

图 3-13　供气系统的组成

1—高压气瓶；2—减压阀；
3—气瓶流量计；4—电磁气阀

8）焊接程序控制装置。专用的手工钨极氩弧焊机的程序控制应满足如下要求：

① 施焊前应提前 1～4s 输送保护气体，以驱赶胶管内及焊接区域的空气。

② 施焊结束后延迟 5～10s 停气，以保护尚未冷却的钨极和熔池。

③ 控制电源的通断。

④ 自动接通和切断引弧和稳弧电路。

⑤ 焊接结束前电流自动衰减，防止产生弧坑和弧坑裂纹。

2. 手工钨极氩弧焊操作技术

（1）20 管水平转动单面焊双面成型手工钨极氩弧焊

1）20 管水平转动单面焊双面成型手工钨极氩弧焊焊接工艺指导书。

焊接工艺指导书	
焊接方法:手工钨极氩弧焊 焊接位置:管水平转动	接头形似:对接 试件规格(mm):$\phi114 \times 6$

焊条型号：ER50-6		电源种类及极性：直流正接	

保护气体：Ar　　　　　　　　保护气体纯度：99.99％

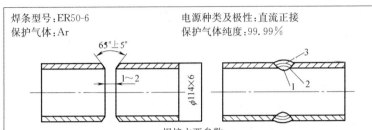

焊接主要参数

焊道分布	焊接层数	焊条直径(mm)	焊接电流（A）
第1道	打底层	2.5	95～100
第2道	填充层	2.5	115～120
第3道	盖面层	2.5	115～120

工艺要点：

A. 打底层焊接时，注意将焊缝焊透，部允许有缺陷。

B. 焊接时尽量避免停弧，减少冷接头数量。

C. 停弧后，氩气开关应延时 10s 左右再关闭，防止金属在高温下氧化。

2）焊接：

焊前准备

A. 焊件。采用 20 低碳钢管，试件规格为 $\phi114\times6$，用机加工或气割下料，然后再用车床加工成 V 形 35°坡口。

B. 焊接前用砂轮机清除坡口及表面 20mm 范围内的油、锈、污物等，使其表面露出金属光泽。

C. 组对：坡口角度 60°，组对间隙 2.5 ～ 3.5mm，钝边 0.5～1mm。

D. 定位焊。采用手工钨极氩弧焊一点定位，并保证该点处间隙不低于 2.5mm，与其对称处间隙为 3.5mm。使错边量越小越好，直至错边量为 0mm。

3）焊接工艺参数：焊接工艺参数执行焊接工艺指导书。

4）操作要点：

① 引弧。在工件定位焊缝上引弧，引弧瞬间将电弧稍微拉长（约 4～6mm）使坡口预热 4～5s。

② 打底层焊接电流按照焊接工艺指导书进行。由于是水平转动，可以保持在平焊位置焊接，引弧后待坡口根部熔化形成熔

孔后，将焊丝向熔池内送进，把液态金属送到坡口根部，以保证背面焊缝的高度。焊接时焊枪角度与焊接方向成 $100°\sim125°$，与坡口夹角成 $90°$，左右摇摆焊。前进速度要均匀，根部熔化坡口每边母材 $2\sim3mm$，填充焊丝与焊接方向成 $30°\sim40°$ 向熔池送丝，焊丝端部始终在氩气保护区内，送丝要均匀，坡口根部出现熔孔时再加焊丝，焊丝要紧贴坡口棱边加入，加入一定量焊丝后就要把焊丝抬起，左右摇摆焊枪直到再次出现熔孔，然后再次向熔池内加焊丝，就这样反复向前施焊。在填充焊丝的同时，焊枪做横向小幅摆动并向左均匀移动。焊丝要以直线运动方式不间断地匀速送入熔池。氩弧焊打底操作最好是一气呵成，中间不间断。需暂停焊接时，应按收弧要点操作。继续施焊前，应将收弧处削成斜坡并清理干净。注意如果焊丝加过多，背面成型会形成焊瘤，如果焊丝加过少，背面成型会内凹或咬边，向熔池内加焊丝时要在焊丝熔化了的状态下递进，如果递进速度过快，焊丝还没熔化就加进熔池，焊丝会透过熔池在背面形成未熔化的焊丝头，也就是栽丝，所以要均匀送进焊丝，焊枪要均匀摇摆向前移动。

③ 氩弧填充和盖面，焊接电流要比打底焊大 $20\sim30A$，注意坡口两边熔合情况，每层不能太厚（每层控制 $2\sim3mm$），可以连续加焊丝也可以点状加焊丝。

（2）20 管水平固定手工钨极氩弧焊单面焊双面成型

1）20 管水平固定手工钨极氩弧焊单面焊双面成型工艺指导书。

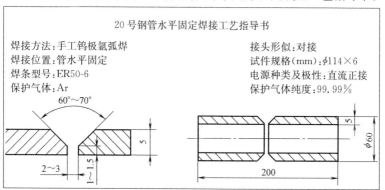

20 号钢管水平固定焊接工艺指导书

焊接方法：手工钨极氩弧焊　　　　　接头形似：对接
焊接位置：管水平固定　　　　　　　试件规格(mm)：$\phi114\times6$
焊条型号：ER50-6　　　　　　　　　电源种类及极性：直流正接
保护气体：Ar　　　　　　　　　　　保护气体纯度：99.99%

焊接主要参数			
焊道分布	焊接层数	焊条直径(mm)	焊接电流(A)
第1道	打底层	2.5	105～120
第2道	填充层	2.5	105～120
第3道	盖面层	2.5	105～120
工艺要点： A. 焊接过程中注意氩气的保护。 B. 焊缝注意层间接头要错开。			

2）焊接：

焊前准备

A. 试件准备及组对要求同20管水平转动单面焊双面成型手工钨极氩弧焊要求。

B. 定位焊。使用与正式焊接相同的材料和规范，用手工钨极氩弧焊两点定值，定位焊长度为10～15mm。定位焊位置分别位于管道横截面上相当于"时钟2点"和"时钟10点"的位置（图3-14）。将定位焊点削成斜坡，工件对口最小间隙应位于截面上"时钟6点"的仰焊位置，并将工件水平固定。错边量小于等于1.2mm。

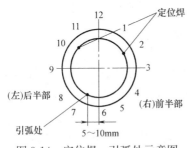

图3-14 定位焊、引弧处示意图

3）焊接工艺参数执行焊接工艺规程。

4）操作要点及注意事项。

① 焊缝分左、右两个半圈进行，在仰焊位置前5～10mm处起弧，至平焊位置收弧，先焊右半圈，后焊左半圈。同时，焊工应具备左、右手均能持焊枪进行操作的技能。右半圈施焊时，右手持焊枪。左半圈施焊时，左手持焊枪，方可满足工件水平固定位置焊接的技术要求。

② 打底层焊接

A. 引弧。在仰焊位置前 5～10mm 处引弧，待坡口两侧熔化形成熔孔后即可填充焊丝开始焊接。为使背面焊缝成形良好，应将熔化金属送至坡口根部。为防止始焊处产生裂纹，始焊速度应稍慢并多填焊丝，增加焊缝厚度。

B. 填丝。填丝方法有两种，一种是内填丝法；另一种是外填丝法。也可两种方法联合使用。联合填丝的步骤是：在管道横截面上相当于"时钟 4 点"至"时钟 8 点"位置采用内填丝，此方法可有效控制焊缝内凹缺陷。在管道横截面上相当于"时钟 4 点"至"时钟 12 点"或"时钟 8 点"至"时钟 12 点"位置采用外填丝，此方法容易操作，易于观察。填丝方法如图 3-15 所示。若全部采用外填丝法，坡口间隙应适当减小，一般为 1. 5～2. 5mm。在整个施焊过程中，应一气呵成，尽量避免间断。保持等速送丝，且焊丝端部始终处于氩气保护区内。

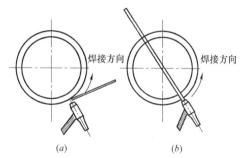

图 3-15　两种不同填丝方法

(a) 外填丝法；(b) 内填丝法

C. 焊接。引燃电弧后，待两侧钝边开始熔化时立刻送丝，形成鲜明的熔池后，焊枪匀速上移。伴随连续送丝，焊枪同时做小幅度锯齿形横向摆动。仰焊部位（"时钟 4"至"时钟 8 点"采用内填丝方法焊接时，应有意识地将焊丝"拉"至根部甚至稍过一些，可使管内焊缝成形饱满，有效克服根部凹陷。当焊至平焊位置时（外填丝），焊枪略向后倾，焊接速度加快，以避免熔池温度过高而下坠形成焊瘤。

D. 接头。中断焊接后再继续施焊时，应先将收弧处削成斜坡，在斜坡后约 10 mm 处重新引弧，电弧移至斜坡内时稍加焊丝，当焊至斜坡端部出现熔孔后，立即送丝并转入正常焊接。

E. 收弧。收弧时，必须用填充的焊丝将熔池填满为止，同时将熔池迅速过渡到坡口侧灭弧。电弧熄灭后，应继续对收弧处的氩气保护，直至熔池完全凝固，这样可以避免熔池氧化，还可避免出现弧坑裂纹及缩孔缺欠。

（四）熔化极气体保护焊

1. 熔化极气体保护焊工艺参数及设备
（1）熔化极惰性气体保护焊工艺参数及设备

1）熔化极惰性气体保护焊设备

熔化极惰性气体保护焊又称 MIG 焊，采用的熔滴过渡形式有短路过渡、喷射过渡、脉冲喷射过渡。最新的技术使可以采用双脉冲（double pulse）过渡或超脉冲（super pulse）过渡。在实际生产中，MIG 焊多用来焊接铝合金，这使它对熔滴过渡方式的使用受到一定的限制。熔化极气体保护焊设备如图 3-16 所示。

图 3-16　熔化极气体保护焊设备示意图

对于短路过渡，由于其处于小参数区间，而（尤其大厚度）铝合金的导热很快，所以较少采用短路过渡。

对于喷射过渡，由于其冲力大，而铝合金密度低，所以打底、盖面的效果均欠佳，用于填充焊尚可，但仍不易全位置焊。

脉冲喷射过渡的焊接效果较好，厚薄板、打底/填充/盖面、全位置焊均可，但要有带脉冲功能的焊机（普通焊机不可）。

很多教科书都介绍过以"亚射流"过渡 MIG 焊铝合金。所谓的"亚射流"过渡，是一种兼有射流过渡和短路过渡特点的特殊的熔滴过渡形式。

亚射流过渡的获得。焊接电流增加到大于射流过渡的临界电流后，降低电弧电压，使之间或出现短路现象，就是亚射流过渡。

2）熔化极惰性气体保护焊工艺参数

MIG 焊的焊接工艺参数有：焊丝直径、焊接电流、电弧电压、焊接速度、保护气流量等。

① 焊丝直径。应根据焊件的厚度、焊接层次及位置、接缝间隙大小、所选熔滴过渡形式等因素来综合考虑确定。细焊丝通常多用于短路过渡的薄板、全位置焊，粗丝多用于喷射过渡的中厚板的平位置填充、盖面焊。

需要特别指出的是，铝合金的 MIG 焊对杂质敏感，而且铝的材质较软，为最大限度保证焊缝质量和送丝稳定可靠，尽可能选用粗的焊丝进行焊接。

② 焊接电流。应根据焊件的厚度、焊接层次及位置、焊丝直径大小、所需熔滴过渡形式等因素来综合考虑确定。焊丝直径一定时，可以通过改变电流的大小来获得不同的熔滴过渡形式。

③ 电弧电压。短路过渡的电弧电压较低，喷射过渡的电弧电压相对较高。

④ 焊接速度。焊接速度要与焊接电流相匹配，尤其是自动焊时更应如此。

⑤ 气体流量。MIG 焊所需的气体流量比 TIG 焊的要大，通

常在 30～60L/min，喷嘴孔径也相应地应有所增加，有时甚至要用双层喷嘴、双层气流保护。

3）对铝合金的 MIG 焊的一些特殊要求

① 坡口。焊接时坡口角度可大至 90°，Al、Cu 的导热性好，要留足够的钝边。

② 焊前清理。MIG 焊对杂质非常敏感，工件、焊丝焊前均应进行严格的焊前清理并尽可能选用粗焊丝、用双主动轮送丝。

③ 尽量选用带脉冲的焊机，用脉冲电流焊接，若需单面焊双面成形时更应如此，用衬垫或双脉冲焊接时，注意背面保护。

2. 熔化极活性气体保护焊工艺参数

保护气体由惰性气体和少量氧化性气体混合而成。加入少量氧化性气体的目的，是在不改变或基本上不改变惰性气体电弧特性的条件下，进一步提高电弧稳定性，改善焊缝成型和降低电弧辐射等。可用于平焊、立焊、横焊和仰焊，以及全位置焊。适用于焊接碳钢、合金钢和不锈钢等黑色金属。

采用富氩焊虽然成本较纯 CO_2 高，但由于焊缝金属冲击韧性及工艺效果好，特别是飞溅比纯 CO_2 焊小得多，可以从材料损失降低和节省清理飞溅的辅助时间上得到补偿。总成本还有降低的趋势，所以应用比较普遍。

（1）熔化极活性气体保护焊焊接工艺特点

优点：

1）可提高熔滴过渡的稳定性。

2）可提高电弧燃烧的稳定性。

3）可增大电弧的热功率。

4）可增加焊缝熔深，改善焊缝成形。

5）有效控制焊缝的冶金质量，避免焊接缺欠的产生。

6）降低焊接工程成本，提高焊接生产率。

不足之处。当采用氩气加二氧化碳或氧气，直流反接焊接钢材时，氧化性气体能使熔池表面产生轻微氧化作用，并产生少量熔渣。

（2）熔化极活性气体保护焊适用范围

熔化极活性气体保护焊焊使用的混合气体是将两种或两种以上的气体经供气系统均匀混合后，以一定的流量通过焊枪喷入焊接区。表3-5列出了氧化性混合气体不同材料的焊接适用范围。

氧化性混合气体配比 表3-5

混合气体	参考配比	适用范围
$Ar+O_2$	$(1\%\sim2\%)O_2$	不锈钢或高合金钢
	$CO_2\ max\leqslant5\%$	碳钢和低合金钢
$Ar+CO_2$	$Ar\geqslant70\%\sim80\%$，$CO_2\leqslant20\%\sim30\%$	碳钢和低合金钢
$Ar+CO_2+O_2$	$2\%O_2$、$5\%\ CO_2$	不锈钢或高合金钢（焊不锈钢时CO_2仅用微量，焊超低碳不锈钢不推荐含CO_2）
	$80:15:5$	碳钢和低合金钢

注：表中的配比为参考值，在实际焊接中成分、配比均可以变化。

1）$Ar+O_2$。氩气加氧气所形成的混合气体的常用混合比是$Ar\geqslant95\%\sim99\%$，$O_2\leqslant1\%\sim5\%$，可用于碳钢、不锈钢等高合金钢和高强钢的焊接。用这种混合气体作为保护气体可以克服纯氩保护焊接不锈钢时存在的因液体金属黏度大、表面张力大、焊缝金属润湿性差而引起的各种缺欠，如气孔、咬边等。

2）$Ar+CO_2$。此种混合气体主要用来焊接低碳钢和低合金钢。常用的混合比为$Ar\geqslant70\%\sim80\%$，$CO_2\leqslant20\%\sim30\%$。在这种混合气体中，既具有氩弧的特点（电弧燃烧稳定，飞溅小，容易获得轴向喷射过渡等），又具有氧化性，克服了氩气焊接时表面张力大，液态金属黏稠，斑点易漂移等问题。适合用于喷射过渡电弧、短路过渡电弧和脉冲过渡电弧。

3）$Ar+CO_2+O_2$。采用三气混合保护焊接低碳钢、低合金钢，从焊缝成形上、接头质量上、金属熔滴过渡形式上和电弧的稳定性上均要好于以上两种混合气体作为保护气体焊接的效果。

（3）活性气体熔化极气体保护焊工艺

1）熔滴过渡形式及规律

活性气体熔化极气体保护焊熔滴过渡形式在MAG焊中是一

个非常重要的问题，可用的熔滴过渡形式有短路过渡、喷射过渡和脉冲射流过渡，见表 3-6。

熔滴过渡形式 表 3-6

熔滴过渡形式	获得	特点	适用场合
短路过渡	低电压、较小电流时获得	有短路过程、热输入小	打底、全位置及薄板焊接
喷射过渡	电流大于临界电流时易在氩弧中获得	熔滴细、频率高并且熔深大、熔敷快	中厚板的填充、盖面及全位置焊
脉冲射流过渡	脉冲峰值电流大于临界电流时易在氩弧中获得（要用脉冲焊机）	可控性最好（尤其是一脉一滴）	打底、全位置，厚、薄板及填充、盖面焊接

2）活性气体熔化极气体保护焊熔滴过渡的规律

活性气体熔化极气体保护焊又称 MAG 焊，在（富）氩电弧中，在正常的焊接电压的条件下，熔滴过渡形式依次为：

粗滴过渡→细滴过渡→射滴过渡→射流过渡→旋转射流过渡，焊接电流由小到大，熔滴体积由大到小，熔滴过渡频率由慢渐变到快的规律。

活性气体熔化极气体保护焊在（富）氩电弧中，在较低的焊接电压和电流的条件下也可获得短路过渡。由此可见，活性气体熔化极气体保护焊可以采用不同的熔滴过渡形式，如用脉冲电流，通过（数字机）精确控制，还可以获得一脉一滴的精确可控的脉冲射流过渡，可以满足焊接的不同要求，这是其他焊接方法所不具备的。

另一方面，活性气体熔化极气体保护焊得到什么熔滴过渡形式，除受焊丝直径、电流大小的影响外，焊丝伸出长度、气体的成分和配比也有影响，它们之间组合的结果几乎是无限的，使焊接工艺参数的调节范围大大扩展，但同时又带来工艺参数的复杂性。

3）工艺及参数选择

MAG 焊的焊接工艺参数与焊接层次、焊缝位置以及保护气体成分和配比、焊材规格、熔滴过渡形式、气体流量有关等。

MAG 焊的焊接工艺参数与 MIG 焊相似，但应着重考虑熔滴过渡形式。工艺参数选择的一般方法是根据材质、试件厚度、用专家系统推荐的参数或在此基础上结合经验或工艺评定试验作适当修正。

（4）CO_2 气体保护焊的工艺参数及设备

1）CO_2 气体保护焊的焊接工艺

CO_2 焊的焊接工艺参数主要包括：焊丝直径、焊接电流、电弧电压、焊接速度、气体成分及电流极性等。

① 焊丝直径。焊丝直径根据焊件厚度、焊缝空间位置及生产效率要求等条件来选择。薄板或中、厚板的立焊、横焊、仰焊时，宜采用 ϕ1.6 以下的焊丝；在平焊位置焊接中，焊厚板时，可以采用直径大于等于 ϕ1.6 的焊丝。各种直径焊丝的适用范围见表 3-7。

各种直径焊丝的适用范围　　　　　　　　表 3-7

焊丝直径(mm)	焊件厚度(mm)	施焊位置	熔滴过渡形式
0.5～0.8	1～2.5	各种位置	短路过渡
	2.5～4	平焊	粗滴过渡
1.0～1.4	2～8	各种位置	短路过渡
	2～12	平焊	粗滴过渡
≥1.6	3～12	立焊、横焊、仰焊	短路过渡
	>6	平焊	粗滴过渡

② 焊接电流。焊接电流是重要的规范参数。电流大小主要决定于送丝速度，随着送丝速度的增加，焊接电流也增加，大致成正比关系。另外，焊接电流的大小还与电流极性、焊丝的干伸长、气体成分和焊丝直径等有关。

焊接电流对焊缝的熔深影响很大。当焊接电流在 60～250A 范围内，也就是以短路过渡形式焊接时，焊接飞溅较小，焊缝熔深较浅，一般均在 1～2mm 左右。只有在 300A 以上时，CO_2 焊的熔深才明显增大，而且随焊接电流的增加，熔深也增加。

③ 电弧电压。电弧电压是指从导电嘴到工件之间的电压。它也是一个重要规律参数。电弧电压的大小将影响焊接过程稳定性、熔池过渡特点、焊缝成形、焊接飞溅和冶金反应等。

短路过渡时弧长较短，并具有均匀密集的短路声。随着电弧电压的增加，弧长也增加，这时电弧的短路声不规则，同时飞溅明显增加。进一步增加电弧电压，一直可以达到无短路过程。相反，随着电弧电压降低，弧长变短，出现较强的爆破声。进而还可以引起焊丝与熔池固体短路。

④ 焊接速度。在焊接电流和电弧电压一定的情况下，焊接速度加快时，焊缝的熔深、熔宽和余高均减小，成为凸形焊道。焊速进一步增加，在焊趾部出现"咬边"。焊速过快时，将出现驼峰焊道。相反，速度过慢时，焊道变宽，在焊趾部出现满溢。

通常半自动焊时，熟练焊工的焊接速度为 30～60cm/min。而自动焊时，由于能够严格控制焊接规范，所以焊速可高达 250cm/min。

⑤ 保护气体流量。保护气体种类及流量不但影响焊接冶金过程，同时对焊缝的形状与尺寸也有显著影响。

气体保护焊时，保护效果不好将发生气孔，甚至使焊缝成形变化。在正常焊接情况下，保护气体流量与焊接电流有关，在 200A 以下薄板焊接时为 10～15L/min，在 200A 以上的厚板焊接时为 15～25L/min。

影响保护效果的主要有风、保护气体流量不足以及喷嘴高度过大和风共同作用下保护气流被吹散，使得熔池、电弧甚至喷嘴上附着大量飞溅物。特别是风的影响十分显著，风速在 1.5m/s 以下时，对保护作用无影响；当风速＞2m/s 时，焊缝中的气孔明显增加。为适应有风的情况下进行焊接，通常需要采取必要的防风措施。

保护气体流量不足也影响保护效果，当气体流量低于 10L/min

时，焊缝中将产生气孔。当气体流量≥15L/min 时，才能得到致密的焊缝。

⑥ 电流极性

CO_2 气体保护焊一般采用直流反极性，这时电弧稳定，焊接过程平稳，飞溅小。而正极性时（焊丝接负，工件接正），在相同电流下，焊丝熔化速度大大提高，大约为反极性时的 1.6 倍，而熔深较浅，余高较大和飞溅很大。所以焊接一般焊接结构都采用直流反极性。而在堆焊、铸铁补焊和大电流高速 CO_2 焊等均采用直流正极性接法。

⑦ 焊丝干伸长

焊丝干伸长对焊丝熔化速度的影响很大。在焊接电流相同时，随着干伸长增加，焊丝熔化速度也增加。换句话说，当送丝速度不变时，干伸长越大，则电流越小，将使熔滴与熔池温度降低，造成热量不足，而引起未焊透。

焊丝伸出太大，电弧不稳，难以操作，同时飞溅也较大，焊缝成形较差，甚至破坏保护而产生气孔。相反，焊丝伸出长度减小，焊接电流增加，弧长略变短，熔深变大，焊接飞溅金属大量粘附到喷嘴内壁，妨碍观察电弧，影响焊工操作。当干伸长过小时，易使导电嘴过热而夹住焊丝，甚至烧毁导电嘴，使焊接过程不能正常进行。

2) CO_2 气体保护焊设备

① CO_2 气体保护焊机的分类。CO_2 气体保护焊机可以分为半自动焊机和自动焊机两类。半自动焊全套设备主要由焊接电源、送丝机构、供气系统、冷却系统、控制系统和焊枪组成。如果是自动焊，则还包括自动行走机构，它往往是与送丝机构及焊枪组成的焊接小车或焊接机头。

② CO_2 气体保护焊机的组成。

A. 焊接电源。CO_2 气体保护焊机应具有平的或缓降的外特性曲线，良好的机动性，合适的调节范围。

B. 控制系统。自动、半自动 CO_2 气体保护焊机的控制系统包括引弧、熄弧、送丝控制、焊接程序控制、焊接参数调节、CO_2保护气体加热和送气控制、焊接坡口的自动跟踪等电路。一般自动焊机的功能完善，控制环节复杂，而半自动焊机的控制系统较简单，主要是对焊接电源调节系统。

C. 送丝系统。送丝机构要求送丝速度均匀稳定、调节方便、结构牢固轻巧。送丝方式可分为推丝式送丝、拉丝式送丝、推拉式送丝。

D. 焊枪。

a. 根据送丝方式不同，焊枪分为：拉丝式焊枪和推丝式焊枪。

b. 焊枪按形状不同分：可分为鹅颈式焊枪、手枪式焊枪。

c. 按焊枪的冷却方式不同分为：气冷式焊枪和水冷式焊枪。

E. 鹅颈式焊枪的结构：应用广泛的是鹅颈式焊枪，下面对其主要部件进行介绍：

a. 喷嘴。喷嘴的内孔形状和直径的大小将直接影响气体的保护效果，要求从喷嘴中喷出的气体为截头圆锥体，均匀地覆盖在熔池表面。喷嘴内孔的直径为 $16\sim22$mm，不应小于 12mm，为节约保护气体，便于观察熔池，喷嘴直径不宜太大。

b. 导电嘴。导电嘴常用纯铜、铬青铜或磷青铜制造。为保证导电性能良好，减小送丝阻力和保证对中心，导电嘴的内孔直径必须按焊丝直径的大小选取。孔径太小，送丝阻力大；孔径太大则送出的焊丝端部摆动太厉害，造成焊缝不直，保护也不好。通常导电嘴的孔径应比焊丝直径大 0.2mm 左右。

c. 分流器。分流器用绝缘陶瓷制成，上有均匀分布的小孔，从枪体中喷出的保护气经分流器后，从喷嘴中呈层流状均匀喷出，可改善保护效果。

d. 导管电缆。导管电缆的外面为橡胶绝缘管，内有弹簧软管、纯铜导电电缆、保护气管和控制线等。常用的标准导管电缆长度为 3m，若根据需要，可采用 6m 长的导管电缆。

e. 供气系统。供气系统的功能是向焊接区提供流量稳定的保护气体，供气系统由气瓶、减压阀、预热器、流量计、干燥器和管路组成。现在已生产的减压检测器，它将预热器、减压阀和流量计、合装在一起，用起来更方便。

3. CO_2 熔化极气体保护焊操作技术

（1）熔化极气体保护焊基本操作技术

1）焊枪开关的操作

按焊枪开关，开始送气、送丝和供电，然后引弧、焊接。焊接结束时，释放焊枪开关，随后就停丝、停电和停气。

① 焊枪角度和指向位置

CO_2 半自动焊时，常用左焊法。其特点是易观察焊接方向。在电弧力作用下，熔化金属被吹向前方。使电弧不能直接作用到母材上，熔深较浅，焊道平坦且变宽，保护效果好。右焊法也常常被采用，熔池被电弧力吹向后方，因此电弧能直接作用到母材上，熔深较大，焊道变得窄而高，焊缝成型差，焊枪角度和焊缝断面形状如表 3-8 所示。

焊枪角度焊缝断面形状　　　　　　表 3-8

	左焊法	右焊法
焊枪角度		
焊道断面形状		

② 引弧和收弧操作

A. 引弧。首先将焊枪喷嘴与工件保持正常焊接时的距离，且使焊丝端头距工件表面 $2\sim4mm$ 左右。随后按焊枪开关，待送气、供电和送丝后，焊丝将与工件相碰短路引弧，结果必然同时产生一个反作用力，将焊枪推离工件。这时如果焊工不能保持住喷嘴到工件间的距离（图 3-17），那就容易产生缺陷。为此，要求焊工在引弧时应握紧焊枪和保持喷嘴与工件间的距离。

B. 收弧。收弧时，熟练的手弧焊工极易按焊条电弧焊操作习惯将焊把抬起，若沿用这种操作方法进行 CO_2 气体保护焊收弧时，将破坏对焊接熔池的有效保护。正确的做法是在焊接结束时释放开关，同时保持焊枪到工件的距离不变（图 3-18），待停气后，再移开焊枪。

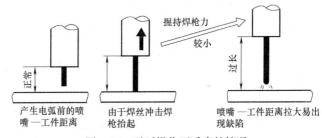

图 3-17 引弧操作不适当的情况

2）焊缝的始端、熔池及接头处理。无论是短焊道还是长焊道，都有引弧、收弧和接头连接的问题。实际焊接过程中，这些地方又是容易出现缺陷之处，所以应给予特殊处理。

① 焊缝始端处理。焊接开始处，母材温度较低，焊缝熔深较浅，甚至引起母材和焊缝金属熔合不良，为此必须采用相应的措施。

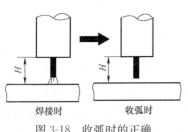

图 3-18 收弧时的正确

a. 使用工艺板，将容易出现缺陷的部分引到工件外，如图 3-19（a）所示。这种办法常用于重要焊接件的焊接。

b. 倒退焊接法，如图 3-19（b）所示。这种方法适应性较广。

c. 环形焊缝的始端与收弧端都要重叠，为了保证焊缝熔透均匀和焊缝表面圆滑，所以始焊处，往往以较快的速度焊一较小的焊缝，最后接头处加以覆盖形成所需要的焊缝尺寸，如图3-19（c）。这种重叠部分应保证一定的熔深。

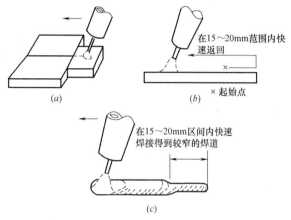

图 3-19 焊缝始端处理方法
（a）使用工艺板法；（b）倒退焊接法；
（c）环焊缝的始端处理

② 弧坑处理。在焊缝末尾的熔池处残留的凹坑，由于熔化金属厚度不足而产生裂纹和缩孔等。根据电流的大小，CO_2气体保护焊时可能产生两种类型的弧坑，如图 3-20 所示。其中图 3-20（a）为短路过渡时的弧坑形状，弧坑比较平坦；而图 3-20（b）为较大电流喷射过渡时的弧坑形状，弧坑较大且凹坑较深。后者往往影响较大，需要加以处理。

处理弧坑的方法有两种，一种使用带有弧坑处理装置的焊机在弧坑处的焊接电流（又称弧坑电流）自动减小到正常焊接电流的 $60\%\sim70\%$，同时电弧电压也降低到合适值，很容易将弧坑填满；另一为使用无弧坑处理装置的焊机，这时需采用多次断续引弧填充弧坑的方式，直至填平为止，如图 3-21 所示。

此外，在可采用工艺板的情况下，也可以在收弧处加装收弧板，以便将弧坑引出工件。

③ 焊缝的接头。长焊道往往是由短焊缝连接而成的，连接处（通常称为接头）的好坏对焊接质量影响较大。接头的处理方法如图 3-22 所示。

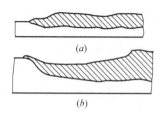

图 3-20　CO_2 气体保护焊
　　　时的弧坑形状
（a）小电流、短路过渡时；
（b）大电流、喷射过渡时

图 3-21　断续引弧填充弧坑
1、2、3—引弧次数

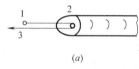
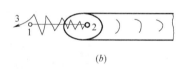

　　　　　　　(a)　　　　　　　　　　　　　(b)

图 3-22　接头的处理方法
（a）直线焊道时；（b）摆动焊时；1、2、3—焊接走向

直线焊道时，在弧坑前方 10～20mm 处引弧，然后将电弧引向弧坑，到达弧坑中心时，待熔化金属与原焊缝相连后，再将电弧引向前方，进行正常焊接。

摆动焊道时，先在弧坑前方 10～20mm 处引弧，然后以直线方式将电弧引向接头处，从接头中心开始摆动，在向前移动的同时逐渐加大摆幅，转入正常焊接。

（2）Q235B 板对接 CO_2 气体保护焊平焊单面焊双面成型焊接工艺

1）Q235B 板对接 CO_2 气体保护平焊单面焊双面成型焊接工艺指导书

Q235B 钢板 CO_2 气体保护焊平焊焊接工艺指导书

焊接方法:CO_2 气体保护焊　　　　接头形式:对接
焊接位置:平焊　　　　　　　　　　试件规格(mm):$300×125×12$
焊丝牌号:H08Mn2SiA　　　　　　电流种类与极性:直流反接
保护气体:CO_2　　　　　　　　　　气体纯度:99.5%

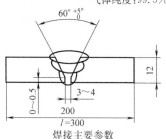

焊接主要参数

焊接层数	焊丝直径 (mm)	焊丝伸出 长度(mm)	焊接电流 (A)	电弧电压 (A)	气体流量 (L/min)
打底	1.2	20～25	90～110	18～20	15
填充	1.2	20～25	230～250	24～26	20
盖面	1.2	20～25	230～250	24～26	20

工艺要点:
A. 保持喷嘴高度,焊接熔池边缘应超过坡口棱边 0.5～1.5,并防止咬边。
B. 收弧时一定要填满弧坑,并且弧长要短,以避免产生弧坑裂纹。
C. 盖面焊时,焊枪横向摆动幅度比填充焊时要稍大,尽量保持焊接进度均匀,使焊缝成形美观。

2) 焊接操作工艺

① 焊前准备

A. 试件的加工。采用厚度为 12mm 的 Q235B 低合金钢试件,坡口加工角度为 $60±1°$,不留钝边。

B. 试件的清理。焊接前将坡口周围 20mm 范围内的油、锈等清理干净,露出金属光泽。

C. 试件的组对与定位焊。板对接平焊试件组对的各项尺寸见表 3-9。

试件组对的各项尺寸　　　　　　　　　　　　　表 3-9

坡口角度 (°)	间隙(mm)		钝边 (mm)	反变形角度 (°)	错变量 (mm)
	始焊端	终焊端			
$60±5$	2.5	3.0	0～0.5	2	≤0.5

② 焊接。焊接采用左焊法，焊接层数为三层三道，焊枪角度如图 3-10 所示，在焊接前及焊接过程中，应定期检查、清理焊枪的导电嘴及喷嘴，如有飞溅物应去除，并在喷嘴上涂上一层硅油或防飞溅膏。

A. 打底焊。将试件间隙小的一端放于右侧。在离试件右端定位焊焊缝约 20mm 坡口的一侧引弧，然后开始向左焊接打底焊道，焊枪沿坡口两侧作小幅度横向摆动，并控制电弧在离底边约 2～3mm 处燃烧，当坡口底部熔孔直径达 3～4mm 时，转入正常焊接。焊枪角度如图 3-23 所示。

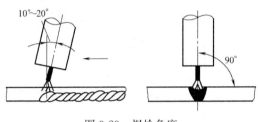

图 3-23　焊枪角度

打底焊时应注意事项如下：

a. 电弧始终在坡口内作小幅度横向摆动，并在坡口两侧稍微停留，使熔孔直径比间隙大 0.5～1mm，焊接时应根据间隙和熔孔直径的变化调整横向摆动幅度和焊接速度，尽可能维持熔孔直径不变，以获得宽窄和高低均匀的反面焊缝。

b. 依靠电弧在坡口两侧的停留时间，保证坡口两侧熔合良好，使打底焊道两侧与坡口结合处稍有下凹，焊道表面平整，如图 3-24 所示。

c. 在打底焊时，要严格控制喷嘴的高度，电弧必须在离坡口底部 2～3mm 处燃烧，保证打底焊厚度不超过 4mm。

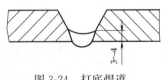

图 3-24　打底焊道

d. 停弧与接头。当焊丝用完，或者由于送丝机构、焊枪出现故障，需要中断施焊时，焊枪不能马上离开熔池，应先稍作停留，如可能

92

应将电弧移向坡口停弧，以防产生缩孔，然后用砂轮机把弧坑焊道打磨成斜坡形。再接头时，焊丝的顶端应对准缓坡的最高点，然后引弧，以锯齿形摆动焊丝，将焊道缓坡覆盖。当电弧到达缓坡最低处时，即可转入正常施焊。CO_2焊的接头方法与焊条电弧焊有所不同，当电弧燃烧到原熔孔处时，不需要压低电弧，形成新的熔孔，而只要有足够的熔深就可把接头接好。当接头的方法正确、熟练时，接头平滑、美观，与焊缝成为一体，很难分辨。

B. 填充焊。在填充焊施焊前应将打底层焊道清理干净，将焊道上局部凸出处打磨平整。调试好填充层焊接参数，在试板右端开始焊接，焊枪角度与打底焊相同，焊枪的横向摆动幅度稍大于打底层，注意熔池两侧熔合情况，保证焊道表面平整并稍下凹，并使填充层的高度低于表面 $1.5\sim2mm$。焊接时不允许烧化坡口棱边，为焊盖面层打好基础。

C. 盖面焊。在调试好盖面层焊接参数后，从右端开始焊接，焊枪角度与打底焊相同。

（3）Q235B 板对接 CO_2 气体保护焊横焊单面焊双面成型焊接工艺

1）Q235B 板对接 CO_2 气体保护焊横焊单面焊双面成型焊接工艺指导书

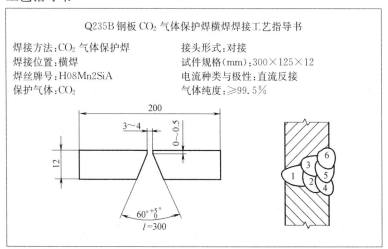

Q235B 钢板 CO_2 气体保护焊横焊焊接工艺指导书

焊接方法:CO_2 气体保护焊　　　　接头形式:对接
焊接位置:横焊　　　　　　　　　试件规格(mm):$300\times125\times12$
焊丝牌号:H08Mn2SiA　　　　　　电流种类与极性:直流反接
保护气体:CO_2　　　　　　　　　气体纯度:$\geqslant99.5\%$

焊接主要参数					
焊接层数	焊丝直径 （mm）	焊丝伸出 长度（mm）	焊接电流 （A）	电弧电压 （A）	气体流量 （L/min）
打底	1.2	20～25	100～110	18～20	12～15
填充	1.2	20～25	130～150	20～22	12～15
盖面	1.2	20～25	130～150	22～24	12～15

工艺要点：
A. 保持喷嘴高度，焊接熔池边缘应超过坡口棱边 0.5～1.5，并防止咬边。
B. 收弧时一定要填满弧坑，并且弧长要短，以避免产生弧坑裂纹。
C. 盖面焊时，焊枪横向摆动幅度比填充焊时稍大，尽量保持焊接速度均匀，使焊缝外形美观。

2）焊接工艺

① 横焊特点

当平板对接横焊时，坡口下侧金属对熔池有托附作用，且焊缝呈平直位置，因此操作较容易。但因熔池体积较大，温度较高，凝固速度较慢时，就会产生液态金属下坠现象。为防止焊接缺陷的产生，在焊接中应保持较小的熔池和较小的焊接熔孔尺寸。焊枪作上下小幅度锯齿形摆动，自右向左焊接。

② 焊前准备。焊前试件准备与平焊相同。试件组对见表 3-10。

试件组对的各项尺寸　　　　表 3-10

坡口角度 （°）	间隙（mm）	钝边（mm）	反变形角度 （°）	错变量 （mm）
60±5	2.5～3.2	0.5～1	5～6	≤0.5

在试件端进行定位焊，定位焊缝长度为 10～15mm，定位焊时使用的焊丝及焊接参数与正式焊接时相同，定位焊后将定位焊缝两端用角磨机打磨成斜坡状，并将坡口内的飞溅物清理干净。

3）焊接参数的选择。焊接参数的选择见焊接工艺指导书。

4）焊接。在横焊时采用左向焊法，3 层 6 道，按 1～6 的顺序焊接，焊道分布见工艺指导书。将试件垂直固定于焊接夹具上，使焊缝处于水平位置，间隙小的一端放于右侧。在施焊前及施焊过程中，应检查、清理导电嘴和喷嘴，并检查送丝情况。

① 打底焊。在调试好焊接参数后，如图 3-25（a）所示的焊枪角度，从右向左焊接。

在试件定位焊缝上引弧，以小幅度锯齿形摆动，自右向左焊接，并应注意焊丝摆动间距要小且均匀一致。当预焊点左侧形成熔孔后，保持熔孔边缘超过坡口上下棱边 0.5～1mm。在焊接过程中要仔细观察熔池和熔孔，根据间隙调整焊接速度和焊枪的摆幅，并尽可能地维持熔孔直径不变，焊至左端收弧。

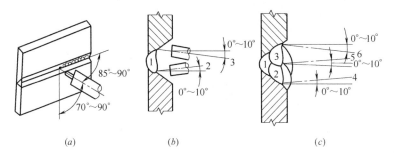

图 3-25　横焊时焊枪角度及对中位置

（a）打底焊；（b）填充焊；（c）盖面焊

② 填充焊。调试好填充焊焊接参数，按图 3-25（b）所示的焊枪对中位置及角度进行填充焊道 2 和 3 的焊接。整个填充层厚度应低于母材 1.5～2mm，且不得熔化坡口棱边。

a. 在焊填充焊道 2 时，焊枪成俯角，电弧以打底焊道的下缘为中心作横向摆动，保证下坡口熔合。

b. 在焊填充焊道 3 时，焊枪成仰角，电弧以打底焊道的上缘为中心，在焊道 2 和上坡口面间摆动，保证熔合良好。

c. 清除填充焊道的表面熔渣及飞溅，并用角向磨光机打磨局部凸起处。

③ 盖面焊。调试好焊接参数，按图 3-25（c）所示的焊枪对中位置及角度进行盖面层的焊接，操作要领基本同填充焊。收弧时必须填满弧坑，并使电弧尽量短。

（4）Q235B 板对接 CO_2 气体保护焊立焊单面焊双面成型焊接工艺

1）Q235B 板对接 CO_2 气体保护焊立焊单面焊双面成型焊接工艺指导书

Q235B 钢板 CO_2 气体保护焊立焊焊接工艺指导书

焊接方法:CO_2 气体保护焊　　　接头形式:对接
焊接位置:立焊　　　　　　　　　试件规格(mm):300×125×12
焊丝牌号:H08Mn2SiA　　　　　　电流种类与极性:直流反接
保护气体:CO_2　　　　　　　　　气体纯度:99.5%

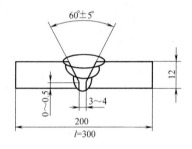

焊接主要参数

焊接层数	焊丝直径 (mm)	焊丝伸出 长度(mm)	焊接电流 （A）	电弧电压 （A）	气体流量 （L/min）
打底	1.2	20～25	90～110	18～20	12～15
填充	1.2	20～25	130～150	20～22	12～15
盖面	1.2	20～25	130～150	20～22	12～15

工艺要点:
A. 焊接速度要快,防止铁水往下淌。
B. 收弧时一定要填满弧坑,并且弧长要短,以避免产生弧坑裂纹。

2）焊接工艺

① 焊前准备。焊前试件准备与平焊相同。试件组对见表 3-11。

试件组对的各项尺寸　　　　　　　　表 3-11

坡口角度 （°）	间隙(mm)		钝边 (mm)	反变形角 度（°）	错变量 (mm)
	始焊端	终焊端			
60±5	2.5	3.0	0.5～1	3	≤0.5

② 焊接参数的选择。焊接参数的选择见焊接工艺指导书。

③ 焊接操作步骤及操作要领。焊接层数为 3 层 3 道，立焊时的熔孔与熔池如图 3-26 所示，焊枪角度如图 3-27 所示。在焊接前及焊接过程中，应检查、清理导电嘴和喷嘴，并检查送丝情况。

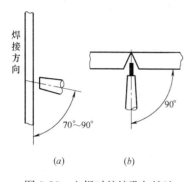

图 3-26　立焊时的熔孔与熔池
（a）焊枪倾角；（b）焊枪夹角

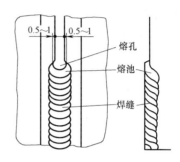

图 3-27　平板对接立焊
位置焊枪角度

A. 打底焊。在调试好焊接参数后，从下向上进行焊接。在试件下端定位焊缝处引弧，在电弧引燃后，焊枪作锯齿形横向摆动向上施焊。当把定位焊缝覆盖、电弧到达定位焊缝与坡口根部连接处时，用电弧将坡口根部击穿，产生第一个熔孔，即转入正常施焊。在施焊时应注意以下问题：

a. 注意保持均匀一致的熔孔，熔孔大小以坡口两侧各熔化 0.5～1.0mm 为宜。

b. 焊丝摆动时，以操作手腕为中心作横向摆动，并要注意保持焊丝始终处在熔池的上边缘，其摆动方法可以是锯齿形或上凸半月牙形，以防止金属液下淌。

c. 焊丝摆动间距要小，且均匀一致。

d. 当焊到试件上方收弧时，应待电弧熄灭、熔池完全凝固以后，才能移开焊枪，以防收弧区因保护不良产生气孔。

B. 填充焊。施焊前先清除打底层焊道和坡口表面的飞溅、熔渣，并将焊道局部凸出处打磨平整。焊丝横向摆动幅度应比打底焊稍大，电弧在坡口两侧稍作停留，以保证焊道两侧熔合良好。填充焊道应比坡口边缘低 1.5～2.0mm，并使坡口边缘保持原始状态，为施焊盖面层打好基础。

C. 盖面焊。在盖面焊施焊前，应清理前层焊道，并将焊道局部凸出处打磨平整。施焊盖面层时的焊枪角度与打底层相同。在施焊时，焊丝横向摆幅比焊填充层稍大，使熔池超过坡口边缘 0.5～1.5mm。当焊丝横向摆动时，应在坡口两侧稍作停留，停留时间以焊缝与母材圆滑过渡，焊缝余高不超过标准为宜。而且焊丝在做横向摆动时，应注意控制摆动间距，间距应均匀、合适。

（五）低合金结构钢焊接

1. 低合金结构钢的焊接性

低合金结构钢含有一定量的合金元素，其焊接性与碳钢有差别，主要是焊接热影响区达到组织与性能的变化，对焊接热输入较敏感，热影响区淬硬倾向增大，对氢致裂纹敏感性较大，含有碳、氮化合物形成元素的低合金高强度结构钢还存在再热裂纹的危险等。只有掌握了各种低合金高强度结构钢焊接性特点的规律，才能制定正确的焊接工艺，保证低合金高强度结构钢的焊接质量。

（1）焊接热影响区的淬硬倾向

在焊接冷却的过程中，热影响区易出现低塑性的脆硬组织，使硬度明显升高，塑性韧性降低，低塑性的脆硬组织在焊缝含氢量较高和接头焊接应力较大时，易产生裂纹。

决定钢材焊接热影响区淬硬倾向的一个主要因素是钢材的碳当量。碳当量越高，则钢材的淬硬程度越厉害。决定钢材淬硬倾向的另一个主要因素是冷却速度，即 800～500℃ 的冷却速度（即 t8/5）。冷却速度越大，热影响区淬硬程度越厉害。

焊接接头中热影响区的硬度值最高。一般用热影响区的最高硬度值来衡量淬硬程度的大小。

（2）冷裂纹敏感性

低合金高强度结构钢焊接裂纹主要是冷裂纹。有关资料表明，低合金高强度结构钢在焊接中产生的裂纹 90％属于冷裂纹。因此，在焊接时应对冷裂纹问题予以极大的重视。随着低合金高强度结构钢的强度级别提高，淬硬倾向增大，冷裂纹敏感性也增大。

产生冷裂纹的因素是：

1）焊缝及热影响区的含氢量。氢对高强钢的焊接产生裂纹影响很大。当焊缝冷却时，奥氏体向铁素体转变，氢的溶解度急剧减小，氢向热影响区扩散，使热影响区的氢含量达到饱和就容易产生裂纹。焊接低合金高强度结构钢，尤其是焊接调质钢，应保持低氢状态，焊接坡口及两侧严格清除水、油、锈及其他污物，焊丝应严格脱脂、除锈，尽量减少氢的来源，以防止产生冷裂纹。冷裂纹一般在焊后焊缝冷却的过程中产生，也可能在焊后数分钟或数天发生，具有延迟的特性（也称为延迟裂纹），可以理解为氢从焊缝金属扩散到热影响区的淬硬区，并达到某一极限值的时间。

2）热影响区的淬硬程度。热影响区的淬硬组织马氏体，由于氢的作用而脆化，因而淬硬程度越大，冷裂倾向越大。

3）结构的刚度越大、拘束应力越大，产生焊接冷裂纹的倾向也越大。

4）在定位焊时，由于焊缝冷却速度快，更容易出现冷裂纹。焊接低合金高强度结构钢时更应予以重视。

（3）其他

1）某些低合金高强度结构钢焊接时，还有热裂倾向，主要是硫在晶间形成低熔点的硫化物及其共晶体而引起。

2）再热裂倾向。当焊接厚壁压力容器等结构件时，焊后进行消除应力热处理。对于含有 Cr、Mo、V、Ti、Nb 等合金元素的低合金高强度结构钢，在热处理过程中，在热影响区产生晶间裂纹，不仅发生在热处理的过程中，也可能发生在焊后再次高温加热的过程中。

3）层状撕裂。在大型厚板结构件中，特别是 T 形接头、角焊缝，由于母材轧制过程中层状偏析、各向异性等缺陷，在热影响区，或在远离焊缝的母材中产生与钢板表面成梯形平行的裂纹（称为层状撕裂）。焊接低合金高强度结构钢大厚度钢板角焊缝时，应注意防止层状撕裂的产生。

2. 低合金结构钢的焊接工艺

根据低合金结构钢的焊接热影响区淬硬以及冷裂纹、再热裂纹、层状撕裂的敏感性等焊接性方面的特点，对于强度级别较高的低合金高强度结构钢如 Q370、Q390、Q420 和 Q460 钢，考虑到钢板中 C、Si、Mn 等合金元素的含量较高并加入了 Nb、V、Ti 等微量元素，碳当量较高，其焊接性较差，因此应从焊接前的准备（包括接头清理、焊前预热、焊接材料的烘干等）、焊接材料的选择、焊接参数的确定、层间温度的控制、接头焊后或焊后热处理等方面入手，确定合理可行的焊接工艺。

3. 低合金结构钢焊接工艺的要点

（1）焊前准备。为了保证焊接低合金高强度结构钢的焊接质量，必须使焊接处于低氢状态，因此对焊接坡口及两侧应严格清除水、油、锈及其他污物，焊丝应严格脱脂、除锈，尽量减少氢的来源。

坡口加工时，对于强度级别较高的钢材，火焰切割应注意边缘的软化或硬化。为防止切割裂纹，可采用与焊接预热温度相同的温度预热后进行火焰切割。

组装时，应尽量减小应力。定位焊时，强度级别高的钢材易产生冷裂纹，应采用与焊接预热温度相同的温度预热后进行定位焊，并保证定位焊焊缝具有足够的长度和焊缝厚度。对低碳调质钢，严禁在非焊接部位随意引弧。

（2）焊接材料的选择。焊接材料的选用是决定焊接质量的一个重要因素，应根据母材的力学性能、化学成分、焊接方法和接头的技术要求等确定。对于低合金高强度结构钢焊接材料的选择，应从以下几个方面考虑：

1）对于要求焊缝金属与母材等强度的工件，应选用与母材同等强度级别的焊接材料。然而，焊缝强度不仅取决于焊接材料的性能，而且与焊件的板厚、接头形式、坡口形式、焊接热输入等有关，对于厚板、大坡口焊接用的焊接材料，如果用到薄板小坡口焊缝上，由于焊缝的熔合比增加，焊缝的强度就会显得偏高；对接焊缝用焊接材料用到 T 形角焊缝上，由于 T 形角焊缝为三向散热，接头的冷却速度快，焊缝的强度也会显得偏高。例如，对于 Q345 钢板厚板开坡口对接焊缝埋弧焊，焊接材料可采用 H10Mn2 焊丝配合 SJ101 焊剂焊接，而对于薄板不开坡口对接焊缝埋弧焊，焊接材料可采用 H08MnA 焊丝配合 SJ101 焊剂焊接，对于 T 形角焊缝埋弧焊，焊接材料可采用 H08A 焊丝配合 HJ431 焊剂焊接。

2）对于不要求焊缝金属与母材等强度的焊件，则选择焊接材料强度等级可以略低，因为强度较低的焊缝一般塑性较好，对防止冷裂纹有利。

3）关于酸性、碱性焊接材料的选用。低合金高强度结构钢的焊接一般采用碱性焊接材料，尤其是强度级别为 345MPa 及以上，因为碱性焊接材料的韧性高，抗裂性好。对于板厚大，结构刚性强，以及受动载或低温下工作的重要结构，更应该选用碱性焊接材料。对于次要结构，也可以采用酸性焊接材料。如 345MPa 级钢板对接焊缝焊条电弧焊采用 E5015 焊条，埋弧焊采用 H08MnA 或 H10Mn2 焊丝配 SJ101 烧结焊剂焊接。对于次要角焊缝可以采用酸性焊条 E5003 焊接，埋弧焊采用 H08Mn 焊丝配 HJ431 熔炼焊剂焊接。

4）特殊情况下，可以选用铬镍（奥氏体）不锈钢焊条。对于大刚性件或铸锻件接管的焊接或修补时，在不允许预热、焊后不能进行热处理、焊缝与母材不要求等强的条件下，可选用铬镍

（奥氏体）不锈钢焊条焊接。由于铬镍（奥氏体）不锈钢焊条的塑性好，可减小热影响区所承受的收缩变形和应力，有利于防止冷裂纹的产生。可采用 A307、A407 焊条等。需要指出的是，由于焊缝金属的组织与母材不同以及奥氏体组织的非磁性，对此类焊缝不能进行超声波探伤和磁粉探伤。

（3）焊接热输入的选择

焊接热输入是焊接电弧的移动热源给予单位长度焊缝的热量，它是与焊接区冶金、力学性能有关的重要参数之一。

热输入综合考虑了焊接电流、电弧电压和焊接速度三个焊接参数对热循环的影响。热输入增大时，热影响区的宽度增大，加热到 1100℃以上温度的区域加宽，在 1100℃以上停留时间加长，同时，800～500℃冷却时间（即 $t_{8/5}$）延长，在 650℃时的冷却速度减慢。适当调节焊接参数，以合理的热输入焊接，可保证焊接接头具有良好的性能。

随着低合金高强度钢强度级别的提高，碳当量的增大，焊接热输入的控制要求越加严格，焊接热输入的大小直接影响到接头的性能，特别是冲击韧度，也影响焊接接头的冷裂倾向。如对于 Q420E 钢的对接，为了使接头冲击吸收功在－40℃时达到 47J，埋弧焊热输入应控制在 25kJ/cm 以下，这时不能采用粗丝埋弧焊，而采用直径 2mm 或 1.6mm 的焊丝进行细丝埋弧焊。

（4）预热

1）预热的目。预热可以降低焊后接头的冷却速度。焊接低碳调质钢时，预热主要是为降低马氏体转变时的冷却速度，避免淬硬组织的产生，加速氢的扩散、溢出，减少热影响区的氢含量；另外，预热可减少焊接残余应力，防止焊接冷裂纹的产生。

2）预热温度的确定。预热温度的大小主要取决于钢材的化学成分、钢板的厚度、结构的刚性及施焊时的环境温度。预热温度不可过高，焊接低碳调质钢，一般在 200℃以下。对于低碳调质钢，预热温度过高，会使热影响区的冲击韧度和塑性降低。

3）层间温度的控制。为了保持预热的作用，在多层焊时，层间温度的控制对焊接质量的保证也是必要的。一般对于 Q345、Q370 钢的焊接，层间温度可控制在预热温度到 250℃ 之间；对于 Q390、Q420、Q460 钢的焊接，需要对层间温度更加严格控制，可在预热温度到 200℃ 之间。

4）后热。后热又叫消氢处理，是焊后立即将焊件的全部（或局部）进行加热并保温，让其缓慢冷却，使扩散氢逸出的工艺措施。后热的目的是使扩散氢逸出接头，防止焊接冷裂纹的产生。后热温度一般在 200～300℃，保温时间一般为 2～6h。

（5）焊后热处理

除了电渣焊接头由于焊件严重过热而需要对接头进行正火热处理外，大量使用的热轧状态的低合金高强度结构钢一般情况下焊后不进行热处理；低碳调质钢是否进行热处理，根据产品结构的要求决定。板厚较大、焊接残余应力大、在低温下工作且承受动载荷并有应力腐蚀要求或对尺寸稳定性有要求的结构，焊后才进行热处理。

低合金高强度结构钢焊后热处理有三种：消除应力退火、正火加回火或正火，淬火加回火（一般用于调质钢的焊接结构）。

焊后热处理应注意的问题：

1）不要超过母材的回火温度，以免影响母材的性能。一般应比母材回火温度低 30～60℃。

2）对于有回火脆性的材料，应避开出现脆性的温度区间，如含 Mo、Nb 的材料应避开 600℃ 左右保温，以免脆化。

3）含一定量 Cr、Mo、V、Ti 元素的低合金高强度结构钢消除应力退火时，应注意防止产生再热裂纹。

（6）Q345D 厚板对接埋弧平焊焊接技术

1）厚度为 20mm Q345D 钢板埋弧平焊焊接工艺指导书

Q345D钢板埋弧平焊焊接工艺指导书

焊接方法:自动埋弧焊　　　　接头形式:对接
焊接位置:平焊　　　　　　　试件规格(mm):400×150×20
焊丝牌号:H08A　　　　　　　电流种类与极性:直流反接
焊剂牌号:HJ431

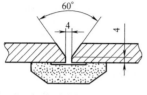
坡口形式及装配间隙

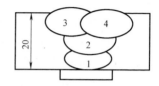

焊接主要参数

焊接层数位置	焊接电流(A)	电弧电压(A)	焊接速度(m/h)
正面	650～700	36～38	40

工艺要点:
A.定位焊可采用焊条电弧焊,选用 E4303 焊条将引弧板及引出板焊在工件两端。
  引弧板及引出板尺寸为 100mm×100mm×12mm,焊后割掉。
B.调整工艺参数,焊接中注意观察参数变化,随时准备纠正。
C.焊层之间注意检查,不能存有缺欠,发现缺欠应及时处理。

2)焊接

① 焊前准备:

A. 坡口加工。可以用气割、碳弧气刨对 Q345D 钢板进行坡口加工,钢板的焊接性不会产生影响,只要在焊前将气割边和碳弧气刨坡口表面的氧化皮打磨干净即可。

B. 热矫正。对 Q345D 钢板允许采用热矫正,加热时应控制加热温度不超过 900℃,一般控制在 700～800℃,若温度过高,会产生过热魏氏体组织,使冲击韧度降低。

C. 焊前必须消除焊接区钢板表面的水分,坡口表面的氧化皮、锈斑、油脂以及其他污物。

D. 采用焊条电弧焊进行定位焊。定位焊缝距离正式焊缝端部30mm,定位焊间距为 400～600mm,其焊缝长度为 50～

100mm。

E. 焊前预热。Q345D 钢的焊接性良好，一般不需要预热，只有当焊件板厚过大、结构刚性大、低温下施焊时才需要预热。20mm 钢板只有在 0℃ 以下施焊才需要预热。

② 焊接工艺参数见焊接工艺指导书。

③ 焊接操作：

A. 将焊接小车拉到引弧板处，调整行走方向，按下送丝按钮，使焊丝与引弧板可靠接触。打开焊剂漏斗门，让焊剂覆盖焊丝头。

B. 打底焊接。按下启动按钮，引燃电弧。焊接小车沿焊缝方向走动，焊接开始。这时应随时注意观察焊接电流、焊接电压及焊接速度的变化，当发生变化时，随时纠正，直到焊接熔池全部到达引出板上为止。

C. 收弧分两步进行。将停止按钮按下一半，小车停止行走，待弧坑填满后，将停止按钮全部按下，停止焊接。

D. 打底焊接完成后，清渣并进行填充焊接，程序同打底焊。

E. 盖面焊接分两道进行，焊接程序同打底焊。

④ 焊后热处理。对于 Q345D 钢焊接接头一般不需要进行焊后热处理。对于电站锅炉钢结构的梁和柱（板厚大于 38mm）的对接接头、要求抗应力腐蚀的结构、低温下工作的结构，以及厚壁高压容器等，要求进行焊后消除应力高温回火。

（六）气焊与气割

1. 气焊与气割概述

（1）气焊工作原理、特点及应用

1）气焊原理

气焊是利用可燃气体与助燃气体混合燃烧的火焰去熔化工件接缝处的金属和填充焊丝，以达到金属牢固连接的一种熔化焊接方法。

2）气焊特点

① 优点

A. 设备简单、使用灵活，特别是在电力供应不足的地方，可以发挥更大的作用。

B. 焊接过程易于控制，焊工能够控制热输入量、焊接区温度、焊缝的尺寸和形状及熔池黏度。

C. 由于气焊火焰种类是可调的，因此焊接火焰的氧化性或还原性是可控制的。

D. 气体火焰温度低，焊接薄小的工件时不易烧穿，且很适合焊接铝及铝合金等熔点低、固液相无明显颜色变化的金属。

② 缺点

A. 加热速度慢，生产效率低，不适合焊接厚大的工件，一般用于焊接 5mm 以下的工件。

B. 焊后变形较大，热影响区较宽，接头晶粒粗大，综合力学性能较差。

C. 因气焊火焰中氧等气体与金属发生作用，降低焊缝性能。

D. 不适于焊难熔金属和"活泼"金属。

E. 难以实现自动化。

由此可见，气焊主要用于焊接薄小的工件、焊接熔点低的材料，及焊补铸铁、磨损的零件等。另外，气焊所用的火焰常被用来做钎焊的热源，如钎焊硬质合金刀具、紫铜等。也可做火焰矫正构件变形的热源。

目前气焊适用的场所常常被钨极氩弧焊等电弧焊方法所代替，气焊正在逐渐缩小其应用范围。

3）气焊火焰

气焊火焰有氧—乙炔火焰、氧—液化石油气火焰及氢氧焰等。氧—乙炔火焰是气焊中主要采用的火焰，具有火焰温度高（约 3200℃），热量相对集中等特点，是由乙炔和氧气混合燃烧形成的，该火焰外形构造及温度分布是由氧气和乙炔混合的比值大小决定的。比值不同，可得到不同性质的三种火焰：中性焰、碳化焰和氧化焰。

4）气焊的应用范围

气焊由于具有设备简单、操作灵活、火焰容易控制等特点，因此在机械、锅炉、压力容器、管道、电力、船舶及金属结构等方面都有应用，主要用于有色金属及铸铁的焊接及修复，碳钢薄板的焊接及小管的制造也常采用气焊。由于气焊火焰调节灵活，因此在弯管、矫直、预热、后热、堆焊、淬火等工艺操作中也得到应用。

（2）气割工作原理、特点及应用

1）气割工作原理

气割是利用气体火焰将被割处的金属预热到能够在氧气流中燃烧的温度，即金属的燃点，然后施加高压氧，使金属剧烈燃烧成液态氧化物（即熔渣），并被吹掉，从而实现切割的过程。

气割过程包括预热、燃烧、吹渣三个阶段，即金属在纯氧中燃烧，在固态下完成切割。

气割金属必需的几个条件如下：

① 被切割金属的熔点应高于燃点。这是氧气气割的最基本条件，只有这样才能保证金属在固态下被气割，否则金属首先被熔化，无法进行燃烧反应。此时液态金属流动性很大，熔化的金属边缘凹凸不平，难以获得平整的切口而呈现熔割状态。

② 气割形成的熔渣的熔点应低于金属的熔点。只有这样才不会在切口表面形成难以吹除的氧化物薄膜。

③ 金属在氧气中燃烧过程中释放出大量热量。这样可以补偿被切割金属导热、辐射及排渣散热外，还可以保证下层金属具有足够的预热温度，使切割过程连续进行。金属切割过程中，多数热量是靠金属本身燃烧生成的，只有少部分是通过预热得到的。

2）气割特点

① 优点

A. 设备简单、移动方便。

B. 切割效率高，尤其切割钢的速度要比机械切割快。

C. 设备投资低，使用成本低，可以在野外作业。

D. 气割操作灵活，可以迅速改变切割方向，切割大型工件时，不用移动工件，通过移动气割火焰便可完成。

② 缺点

A. 气割尺寸公差劣于机械切割。

B. 气割操作危险性大，易发生火灾、爆炸、烫伤、烧伤等安全事故。

C. 气割易产生烟尘，若处理不当，易对人体造成伤害。

D. 切割材料种类受限制，部分金属（如铜、铝、不锈钢等）不能用氧—乙炔切割。

3）气割应用范围

气割由于具有效率高、成本低、设备简单、操作灵活等优点，因此，广泛地被应用到钢板下料、开焊接坡口等方面。可以气割厚大工件。气割材质主要为各种碳钢及低合金钢。切割高碳钢和高强度低合金钢时，为避免切口淬硬或产生裂纹，应采取适当的预热措施。

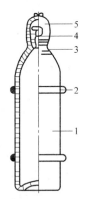

图 3-28　氧气瓶的构造
1—瓶体；2—胶圈；3—瓶箍；
4—瓶阀；5—瓶帽

2. 设备与工具

（1）气瓶

1）氧气瓶

① 瓶体

氧气瓶是储存和运输氧气的一种高压容器。瓶的形状和构造如图 3-28 所示。目前，工业中常用的容积为 40L，当工作为 15MPa 时，储存 $6m^3$ 氧气。气瓶由瓶体、瓶阀、胶圈、瓶箍及瓶帽等组成。氧气瓶运输时应套上瓶帽，以保护瓶阀免遭撞击。

② 瓶阀

瓶阀是控制氧气瓶内气体进出的阀门。目前多采用的是活瓣式阀门。活瓣式阀门由阀体、密封垫圈、手轮、压紧螺母、阀杆、开关板、活门及安全装置等组成。阀体两端分别连接瓶体和减压器。阀体的出口背面设有安全装置，由安全膜片、安全垫圈及操作帽组成，当瓶体压力达到 17.64MPa 时，安全膜片即爆破，从而放气泄压，达到保护气瓶安全的目的。

使用时，如将手轮逆时针方向旋转，则开启瓶阀；顺时针方向旋转则关闭瓶阀。

2）乙炔瓶

① 乙炔瓶是一种储存和运输乙炔的压力容器。其形状和氧气瓶相似，较氧气瓶矮，但较氧气瓶粗些，容积为 40L，能溶 6～7kg 乙炔。

乙炔瓶主要由瓶体、多孔性填料、丙酮、瓶阀、石棉、瓶座等组成，如图 3-29 所示。瓶内有微孔填料填充其中，填料中浸满丙酮。使用时，丙酮中溶解的乙炔就分解出来，而丙酮则还留在瓶中。瓶内微孔填料一般由硅酸钙构成，具有轻质、多孔的特点。

为使气瓶能够平稳放置，在瓶底部装有底座。为保证气瓶安全使用，在靠近收口处装有易熔塞，当气瓶温度高于 100℃时，易熔塞即熔化，瓶内气体泄出。

乙炔瓶使用时应控制排放量，排放量过大时会连同丙酮一起喷出，造成危险。

② 瓶阀

乙炔瓶阀是控制乙炔瓶内气体进出的阀门。乙炔瓶阀主要包括阀体、阀杆、密封垫圈、压紧螺母、活门及过滤件等部分。乙炔阀门没有手轮，活门开启和关闭是靠方孔套筒扳手完成的。方孔扳手逆时针方向旋转阀杆上端的方形头时，活门向上移动是开启阀门，反之是关闭阀门。乙炔瓶阀的出口处无螺纹，使用减压器时必须带有夹紧装置与瓶阀结合。

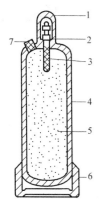

图 3-29　乙炔气瓶的构造图
1—瓶帽；2—瓶阀；3—分解网；4—瓶体；5—微孔填料（硅酸钙）；6—底座；7—易熔塞

（2）减压器及橡胶软管

减压器是将高压气体降为低压的调节装置。减压器同时还有稳压作用，使工作中输出的低压气体，压力稳定，满足气焊、气割工作需要。

1）氧气减压器

常见的氧气减压器分为单级和多级两种。目前经常使用的减压器为 QD－1 型单级反作用式减压器，如图 3-30 所示。

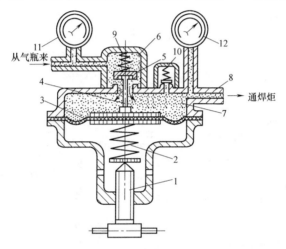

图 3-30　单级反作用减压器工作原理

1—调节螺钉；2—主弹簧；3—薄膜片；4—活门顶杆；5—减压活门；6—高压室；7—低压室；8—出气口；9—副弹簧；10—安全阀；11—高压表；12—低压表

减压器的稳压作用原理为：减压器工作时，弹性薄膜受到两个方向相反的力作用，一侧为主弹簧压力，另一侧为副弹簧压力及低压氧气向下的压力。当两侧作用力相等时，表内处于稳定状态，活门的缝隙大小不变，氧气稳定流出。当氧气使用量减少时，低压室氧气压力增加，推动弹性薄膜，使活门关小，减小流量达到原来压力时，减压器内又达到了平衡。反之如此。减压器就是利用弹性薄膜受两个方向相反作用力的平衡与不平衡来控制活门缝隙的大小和进气量，保证了低压室内氧气的工作压力稳定。

在减压器上还装有与低压室相通的安全阀，当减压器因出现故障而使低压室超过额定压力时，安全阀自动开启，使超压气体泄出，因而起到了安全作用。

单级反作用式减压器具有结构简单，便于维修等特性。它只能使低压室输出气体保持基本稳定压力。而不能保持极好稳定。另外，冬季使用中易发生结冻。

2）乙炔减压器

乙炔减压器的构造、原理及使用方法与氧气减压器基本相同，只是零件尺寸、形状及材料不同，另外，乙炔减压器与乙炔瓶体采取夹环和紧固螺钉固定，乙炔减压器外壳为白色，氧气减压器外壳为蓝色。如图 3-31 所示。

乙炔减压器进口最高压力一般为 2MPa，工作压力为 $0.01\sim0.15$MPa。乙炔减压器同样也装有安全阀，当输出压力大于 0.18MPa 时开始泄压，在输出压力达到 0.24MPa 时安全阀打开。乙炔减压器本体上装有高、低压表，量程分别为 $0\sim2.5$MPa 和 $0\sim0.25$MPa。

为了防止乙炔使用中发生回火爆炸，在乙炔通路上要安装回火防止器，通常在乙炔减压器的出口处安装小型的干式回火防止器，使减压器与回火防止器形成一个整体，使用方便。

3）橡胶软管及管接头

① 橡胶软管

氧气及乙炔瓶中的气体由橡胶软管输送到焊割炬中。胶管必须能够承受足够压力，并要求质地柔软，重量轻。胶管按使所输送的气体不同分为：氧气胶管和乙炔胶管。

② 管接头

管接头是用来连接橡胶管与减压器、焊割炬等的专用接头。常用接头分为三种，如图 3-32 所示。管接头上的凹槽主要有两个作用，一是起到密封作用，二是起到防脱落作用。为了便于区分乙炔和氧气的接口，对乙炔和氧气两种接头进行区分，在乙炔

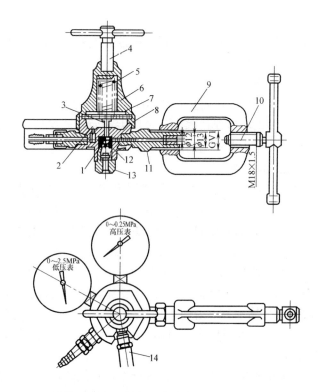

图 3-31 QD-20 型单级乙炔减压器的构造

1—减压活门；2—低压气室；3—活门顶杆；4—调节螺钉；5—调压弹簧；
6—罩壳；7—弹性薄膜装置；8—本体；9—夹环；10—紧固螺栓；11—过滤接头；
12—高压气室；13—副弹簧；14—安全阀

接头的螺母上刻有 1～2 条凹槽。

（3）焊炬、割炬

1）焊炬

焊炬是气焊的主要工具，是将可燃气体和助燃气体按比例混合，以一定流速喷出，形成具有一定能量的稳定焊接火焰，进行焊接工作。根据可燃气体和助燃气体混合方式不同，焊接可分为射吸式和等压式两类。

目前，使用的焊炬通常是射吸式。工作原理是：氧气由氧气通道进入喷射管，再由直径非常小的喷射管嘴喷出，当氧气喷出时，在喷嘴周围形成负压将聚集在喷嘴周围的低压乙炔吸出。因为乙炔的流动是靠氧气的射吸作用实现的，故称为射吸式焊炬。

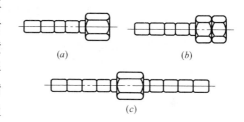

图 3-32　橡皮管接头形式

(a) 连接氧气皮管用的接头；(b) 连接乙炔管用的接头；(c) 连接两根橡皮管用的接头

焊炬主体由黄铜制成，在手柄前端为乙炔调节阀，手柄下端为氧气调节阀。顺时针或逆时针方向旋转两个阀门，可以控制乙炔和氧气的开关，控制流量。

2）割炬

割炬是气割的主要工具。作用是将可燃气体和氧气以一定比例混合，形成具有一定热量的预热火焰，并在预热火焰的中心孔喷射出高压氧气流，达到分割金属的目的。

割炬按预热火焰中可燃气体和氧气的混合方式不同分为射吸式和等压式两种，其中射吸式割炬使用比较普遍。射吸式割炬的工作原理与射吸式焊炬的工作原理相同。

3. 气焊技术

（1）气焊工艺参数

气焊工艺参数应根据被焊工件的材质、规格尺寸及焊接位置等方面进行选择。合理的焊接工艺参数是保证焊接质量的重要条件。焊接工艺参数具体包括：火焰性质、火焰能率、喷嘴直径、焊丝直径、焊嘴、工件之间倾斜角度及焊接速度等。

1）火焰种类。气焊火焰种类主要根据被焊工件材质进行选择，低碳钢焊接一般选择中性火焰。

2）焊丝直径。焊丝直径与焊接工件厚度有关，若焊丝选择过细，则容易出现焊接熔合不好或表面焊纹高低不均；若焊丝选择过粗，容易产生焊接过热组织，降低接头质量。低碳钢焊接时焊丝直径选择可参考表 3-12。

焊丝直径与工件厚度的关系（mm）　　　　　表 3-12

工件厚度	1.0～2.0	2.0～3.0	3.0～5.0	5.0～10.0	10～15
焊丝直径	1.0～2.0 或不用焊丝	2.0～3.0	3.0～4.0	3.0～5.0	4.0～6.0

3）火焰能率。火焰能率指气焊、气割中每小时消耗的混合气体量，单位用 L/h 表示。火焰能率大小直接影响焊接质量，火焰能率根据工件规格、材质及焊接位置进行选择。厚大工件火焰能率可选择大些，薄件和小件火焰能率可选择小些。

4）焊嘴倾斜角度。焊嘴倾角是指焊接中焊嘴与工件之间的夹角。如图 3-33 所示。焊嘴倾角大小根据工件厚度、焊嘴大小及施焊位置等确定。焊嘴倾角度过大，则火焰集中，热量损失小，工件受热量大，升温快；焊嘴倾角小，则火焰分散，热量损失大，工件受热量小，升温慢。所以，实际焊接中根据工件厚度大小、熔点高低及导热性好坏等灵活掌握。厚大、熔点高及导热性好工件焊接时，焊接倾角应大些，厚度较

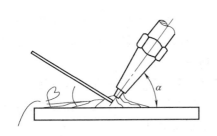

图 3-33　喷嘴倾角示意图

小、熔点较低及导热性较差工件焊接时，焊接倾角应该小些。同一工件，开始焊接时，工件温度很低，此时焊嘴倾角要大些，以使工件充分受热尽快形成熔池。等熔池形成后，应使焊嘴倾角迅速改变为正常。焊接结束为使熔池填满且不使焊缝端部过热。需要将焊嘴适当提高，逐渐减小倾角。

5）焊丝倾角。焊丝倾角是指焊接过程中焊丝与工件之间的夹角。一般为 30°～40°，而焊丝相对焊嘴的角度为 90°～100°。具体如图 3-34 所示。

6）焊接速度。焊接速度直接影响生产率和产品质量。根据不同产品，必须选择相应的焊接速度，以提高生产率。

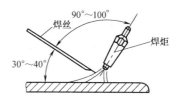

图 3-34　焊炬与焊丝的位置

（2）气焊常规操作方法

1）左焊法和右焊法

气焊操作分为左焊法和右焊法两种，如图 3-35 所示

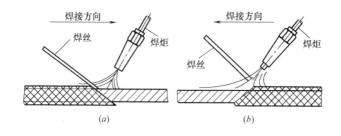

图 3-35　右焊法和左焊法

（a）右焊法；（b）左焊法

① 左焊法。焊丝与焊炬都是从焊缝右端向左端移动，焊丝在焊炬的前方，火焰指向焊件金属的待焊部分，这种操作方法叫左焊法。

左焊法具有操作简单灵活，易于掌握的特点，特别适用于薄件及低熔点工件焊接。左焊法是应用比较普遍的气焊方法。

② 右焊法。焊丝与焊炬从焊缝的左端向右端移动，焊丝在焊炬后面，火焰指向金属已焊部分，这种操作方法为右焊法。

右焊法具有降低熔池冷却速度，改善焊缝金属组织，减少气孔及夹渣等作用，并且还具有热量集中，熔深大的优点，但焊接操作困难。此种焊接方法适用于厚大工件及熔点高工件焊接。

2）气焊操作基本手法。气焊操作中焊炬及焊丝的摆动方法直接影响着焊接质量。通过适当地气焊摆动操作可以使焊缝金属熔透、均匀、并可避免焊缝金属过热及过烧。另外，通过摆动焊接还可以使熔池中的氧化物及其他有害气体排出。

气焊操作基本手法包括：沿焊缝做横向摆动；沿焊缝向前移动；做上下跳动。焊炬和焊丝的摆动方法及摆动幅度，跟工件厚度、材质、焊接位置及焊缝尺寸等有关。

3）焊缝的起焊、接头及收尾。工件起焊时由于温度较低，应采取较大的焊接倾角，使气焊处得到充分预热，同时使起焊处受热均匀。然后集中一点加热，当加热点变为白亮时，开始填充焊丝，使焊接过程转入正常化。

焊接过程中，当停顿后需要继续焊接时，应将上次焊接结束点熔池重新熔化，形成熔池后再添加焊丝进行新的焊接。新焊道要与原焊道重叠 5～10mm，焊接重叠焊道时，为了不使焊道表面过高，应不加或少加焊丝。

当焊接到焊缝终点时，工件温度已经较高，应该加快焊接速度，防止焊穿。另外，焊炬与工件的夹角也应减小，并多加焊丝以降低熔池温度。等终点熔池添满后，火焰方可慢慢离开。

（3）平板对接气焊操作及工艺指导书

1）平板接头形式。平板对接常用的接头形式包括：卷边接头、普通对接接头、角接接头、T 形接头及搭接接头等

2）焊前准备。焊接前应将工件及焊丝表面的氧化物、油污、铁锈等脏物清理干净，以免产生气孔、夹渣等缺陷。

3）定位焊。薄板焊接定位焊应从工件中间开始，定位焊长度一般为 5～7mm，间隔为 50～100mm，厚板焊接定位焊应从两端开始，定位焊长度一般为 20～30mm，间隔为 200～300mm。定位焊不宜过长，更不易过高及过宽。对于较厚的工件定位焊应有足够熔深，否则焊接时造成焊缝高低不平、宽窄不一和熔合不良等现象。

4）各种焊接位置操作要点

① 平焊

平焊是气焊中最常用的一种焊接方法，如图 3-36。平焊操作方

便，焊接质量可靠。平焊时多彩用中性焰，使焊嘴与焊件表面成

30°～40°角，火焰偏向焊丝用左焊法，火焰焰心尖端与工件表面保持 2～3mm 的距离，焊丝位于焰心前 2～4mm。焊炬要根据熔池温度变化，适当地做上下跳动。焊接中当焊丝在熔池边缘被粘住时，不应用力往下硬拽，而应用火焰加热焊丝与工件连接处，焊丝便会自然脱落。为减小焊接变形，焊

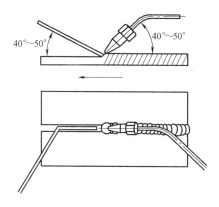

图 3-36　平焊示意图

接中还要采取跳焊法或逐步退焊法等措施。

A. 起焊。板焊接起焊应从距端头 20～30mm 处开始，目的是受热面积大，当金属焊缝熔化时，周围温度已经很高，冷却时不易出现裂纹。焊接中焊丝与熔池应该处于火焰笼罩下，以防止高温氧化，焊接中应该使工件金属与焊丝同时熔化，以实现充分熔合，形成理想焊缝。

B. 焊接过程。焊接过程中焊炬及焊丝应根据熔池温度变化随时上下跳动，使焊缝熔合良好，形成均匀焊缝。另外，焊接过程中应根据熔池的变化，随时调节火焰能率大小及改变火焰性质。若熔池金属被吹跑，说明气流过大，应调小火焰能率，即调小氧气及乙炔流量；若焊缝过高，说明火焰能率过小，应调大火焰能率，即调大氧气及乙炔流量；若熔池有气泡、火花飞溅严重或熔池出现沸腾现象，说明火焰性质不对，应调节火焰为中性焰。

焊接中应始终保持熔池大小一致。若熔池过小，焊丝与工件熔合不好，说明热量不够，应该增加焊炬倾角，减慢焊接速度；若熔池过大，金属不流动，说明工件可能被烧穿，应加快焊接速度，减小焊炬倾角，必要时，可提起火焰，待熔池温度降到正常

后，再继续施焊。

C. 收尾焊接。焊接结束后，应将焊炬火焰缓慢提高，使熔池逐渐减小，为防止收尾时产生气孔、裂纹和凹坑，可在收尾时适当多填一些焊丝。

总之，在整个焊接工程中，要正确地选择参数和熟练运用操作方法，控制熔池温度和焊接速度，防止产生未焊透、焊穿等缺陷。

② 立焊

立焊时，若操作控制不当，将出现熔池液态金属下淌现象，为此对气焊操作技能要求较平焊要高，如图 3-37 所示。

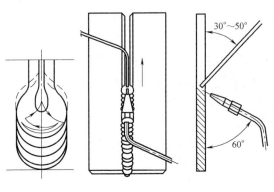

图 3-37　立焊示意图

立焊焊接操作要点如下：

A. 焊嘴要适当上倾，与焊件夹角成 60°左右。

B. 焊炬与焊丝的相对位置与平焊相似，焊炬一般不做横向摆动，但为了控制熔池温度，焊炬可以随时做上下摆动。

C. 立焊应采取能率稍小的火焰进行焊接，焊接中应严格控制熔池温度，熔池面积和深度均不易过大。

D. 焊接中若出现熔池金属将要下淌现象时，应立即将焊炬移开待熔池温度降低后，再继续施焊。

③ 横焊

横焊时，若操作不当，不但可能出现熔池金属下流，而且可能出现焊缝上方形成咬边现象。横焊操作要点如下：

A. 采用左焊法，焊嘴应适当上倾，火焰与工件间夹角保持再 65°～75°，使火焰直接朝向焊缝。

B. 焊接时，焊炬一般不摆动，当焊接较厚焊件时可稍微摆动。

C. 横焊应采用能率较小的焊接火焰进行焊接。

（4）管对接气焊操作及工艺指导书

1）接头形式

管道气焊焊接一般采取对接接头。对于承压管道，壁厚小于 3mm 时，可以不开坡口；壁厚大于 3mm 时，应开 V 形坡口，并留有一定钝边。

2）焊前准备

① 工件及焊丝清理

焊接前应对焊缝两侧各 20mm 范围内管材表面脏物清理干净，同时将焊丝表面的氧化物、油污及铁锈等脏物也清理干净。

② 定位焊接

定位焊点多少应根据管径大小进行确定，一般小管进行两点定位。

③ 水平转动管气焊

壁厚大于 2mm 的钢管，要在与钢管水平线成 50°～70°的范围内焊接。第一层的焊接可采取冲孔焊法，用中性焰加热起焊点，在熔池前沿形成和装配间隙相当的小熔孔，并使其不断前移，并不断向熔池中填加焊丝，焊嘴做圆圈形运动，收尾时稍微抬起焊具，用外焰保护熔池，继续填丝直到熔池被填满。焊接中间各层时，火焰能率可适当加大，焊嘴做横向摆动，焊丝做往复调动。焊接表层时，火焰能率要适当减小，这样可使焊缝表面成型良好，最后使火焰慢慢离开，这样可防止熔池金属被氧化。

④ 垂直固定管气焊

可采取右焊法和左焊法两种方法焊接。用右焊法时，焊嘴中心线与钢管切线的夹角应该保持 60°，焊丝与焊嘴中心线的夹角为 30°，焊嘴略向下倾，中心线与钢管轴线的夹角为 80°左右。加热起焊处形成小熔孔后，开始填加焊丝。采用单面焊双面成型的运丝方式，不停地向上挑，运丝范围不可超出钢管对接接头下部的二分之一，焊嘴在熔池和熔孔间稍微前后摆动，并控制好温度。

用左焊法时，焊嘴与钢管切线方向的交角为 $45°\sim50°$。焊丝与焊嘴中心线方向的夹角为 $90°\sim110°$。焊第一层时，焊嘴中心线与管子的轴线应为 $90°$，并对准焊道中心。焊接中层时，焊嘴角度不变，只是要略微往下移一点。焊接外层时，焊嘴要略向上倾，与钢管轴向成 $65°\sim75°$夹角，利用火焰吹力托住熔池金属，使之不会流下来。

4. 气割技术

（1）工艺参数选择

气割工艺参数主要包括气割速度、切割氧压力、预热火焰能率、割嘴与被切割工件间的倾斜角度及割嘴到被割工件表面的距离等。

1）气割速度。气割速度与被割工件厚度及使用的割嘴形状有关。被割工件越厚，气割速度越慢；工件越薄，气割速度越快。气割速度太慢，会使切口边缘熔化；气割速度太快，会产生很大的后拖量或出现割不穿现象。

2）气割氧压力。气割时，气割氧的压力与工件厚度、割炬型号、割嘴号码及氧气纯度等因素有关。工件越厚，要求氧气的压力越高；工件越薄，则要求氧气的压力越低。如果氧气压力过低，往往会使切割过程变得缓慢，容易形成粘渣，甚至不能将工件全部割穿；相反，如果氧气压力过高，不仅造成浪费，而且会使割口表面变得粗糙，割口加大，切割速度反而减慢。

3）预热火焰能率。预热火焰的作用是提供足够的热量，把工件加热到燃点，并保持在氧气中燃烧的温度。预热火焰对低碳钢金属加热的温度约为 $1100℃$。预热火焰能率与工件厚度有关，工件越厚，火焰能率应越大，但火焰能率过大会使工件割口上边缘熔化，切割面变粗糙，工件背面粘渣等，从而影响切割质量。预热火焰能率过小，工件得不到足够的热量，使得切割速度减慢，气割过程变得困难，甚至切割出现中断而需要重新预热。预热火焰宜采用中性焰，使用碳化焰会使工件的割口边缘增碳，所以不应使用碳化焰。

4）割嘴与工件间的倾斜角度。割嘴与工件间的倾斜角度分为前倾和后倾两种，如图 3-38 所示。前倾是指割嘴向切割方向倾斜，火焰指向已经割开的方向；后倾是指割嘴沿气割方向向后倾斜一定角度。采用后倾一定角度的方法可以减少后拖量，提高切割速度。割嘴倾斜角度的大小主要根据工件厚度确定。

5）割嘴到被割工件表面的距离。割嘴到被割工件表面的距离应根据工件的厚度而定，一般情况下控制在 3～5mm，这样的距离加热条件好，焊缝渗碳可能性小。如果距离过大，需要的预热时间就相对长些；如果距离过小，则会引起切口上边熔化，切口有渗碳的可能，并且熔渣容易堵塞割嘴。

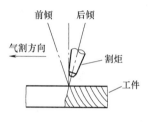

图 3-38　割嘴与工件间的倾斜角度

（2）气割的基本操作方法

1）气割前准备。气割前要检查气割场地安全，工件应该垫高，不能把工件放在水泥地面上切割，应在水泥地面上垫钢板，以免水泥爆裂伤人。气割前应清理干净工件表面带有的铁锈、氧化皮及油漆等。气割前划好气割线。割炬型号及割嘴号码应根据割件厚度来确定。切割氧流的形状应该是笔直清晰的圆柱体，其长度应超过割件厚度的三分之一。如果切割氧流不规则，可用通针将高压氧流的通道清理干净。对于超音速割嘴不能用钢丝，而只能用铜针等硬度较低的通针。

2）气割基本动作。操作人员双脚成外八字形，蹲在工件的一侧，右臂靠右膝，左臂在两膝之间，这样便于切割时移动。右手握住割炬手柄，拇指和食指握住预热氧调节阀，这样便于调节预热氧能率及发生回火时及时切断预热氧。左手拇指和食指握住切割氧调节阀，便于切割氧的调节，其他三个手指平稳地拖住射吸管，掌握方向，并与割嘴垂直。上身不要弯的太低，呼吸要平稳，两眼注视气割线和割嘴，并着重注视切口前面的切割线，沿切割线从右向左切割。

气焊操作基本手法包括：沿焊缝做横向摆动；沿焊缝向前移动；做上下跳动。焊炬和焊丝的摆动方法及摆动幅度，跟工件厚度、材质、焊接位置及焊缝尺寸等有关。常见焊接基本手法参如图 3-39 所示。其中图 3-39（a）、（b）、（c）适用于各种材料的较厚工件焊接和堆焊；如图 3-39（d）适用于各种较薄工件焊接。

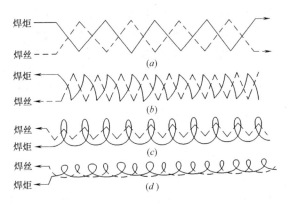

图 3-39　焊动炬和焊丝的摆动方法
（a）右焊法；（b）（c）（d）左焊法

3）钢板气割操作

① 预热注意事项。气割前的预热要根据工件的厚度灵活掌握。对于厚度大于 50mm 的工件要将割嘴置于工件的边缘，沿切割方向后倾 10°～20°，当将工件加热到暗红色时，再将割嘴垂直于工件表面继续加热。对于厚度小于 50mm 的工件，可将割嘴垂直于工件表面来加热，当工件被加热到红色时，慢慢打开切割氧，铁水被氧流吹动后，再慢慢加大切割氧流，工件下面发出"叭、叭"声音时，表明工件已被割穿。

气割过程中应该注意随时调整预热火焰，只能用中性焰或轻微氧化焰。预热火焰的能率不宜过大，否则切口表面的棱角可能被熔化，尤其气割薄件时，可能产生前面已经割开、后面又粘连在一起的现象。但预热火焰能率也不能过小，否则切割过程容易中断，切口表面也不整齐。

②气割操作要领。对于厚大工件，由于工件温度上下不均匀，所以起割时要缓慢开启切割氧，如果开启过快，由于高速氧流的冷却作用，使切割工作不能正常进行。气割厚度小于20mm的钢板时，割嘴应后倾25°～45°；气割厚度为20～30mm的钢板时，割嘴应垂直于工件；气割厚度大于30mm的钢板时，割嘴应前倾20°～30°，致斜方向割穿后，将割嘴转成与钢板垂直状态，当工件割穿后，进入正常切割。气割时焰芯尖端到工件表面的距离应该保持为3～5mm，决不能使焰芯触及割件的表面。在气割过程中要经常调节预热火焰，使它保持为中性焰。气割薄钢板时，切割速度应快些，可用稍小些的火焰能率；割嘴应离工作面远些，并保持一定的倾斜角，这样不但可以使钢板的变形较小，而且钢板的正面棱角不会被熔化，背面的挂渣也容易被清除掉。气割厚钢板时切割速度应慢些，火焰能率大一些。在切割过程中还要根据切割厚度调整好切割氧压力，压力过低气割过程中的燃烧反应减慢，在切口背面形成难以去除的粘渣，甚至产生割不穿现象；而切割氧压力过高时不仅浪费氧气，还会使切割氧流变成圆锥形，造成切口宽度上下不均，同时也会起到对切口的强烈冷却作用，降低切割速度。

切割速度对切口质量影响很大。切割速度是否正常，可从熔渣的流动风向来判断。速度正常时，流动风向与工件表面相垂直；速度较大时将产生过大的后拖量。气割较长的直线或曲线时，一般在气割300～500mm后要移动切割操作位置一次，这时要关上切割氧气，将火焰离开切割口，然后移动人体，继续切割时割嘴要对准割口的切割处，重新预热到燃点后，慢慢打开切割氧。切割薄钢板时，可以不必关闭切割氧，改变操作位置后把火焰对准切割处就可以继续气割了。

4）钢管气割操作。钢管气割时根据钢管所处状态不同，可分为固定管气割和转动管气割两种情况。不论哪一种情况，气割预热时割嘴与钢管表面都应垂直，管壁被割穿后割嘴应立即与起割点切线成 70°～80°角，并且在气割过程中保持不变。

① 转动管气割。转动管气割如图 3-40 所示，气割过程中割炬应不断改变气割位置，以保持气割角度。气割一段后，停下来将管做适当转动后再继续气割，使气割动作舒适。较小直径的钢管可分 2～3 次气割，较大直径的管道可分多次气割，但分段越少越好。

② 水平固定管气割。水平固定管的气割从管子的底部开始，由下向上分两部分进行，如图 3-41 所示。气割过程中不断改变气割位置，保持气割角度。当气割到管子的水平位置后，关闭气割氧气，再将割炬移到管子的底部开始气割另一半。

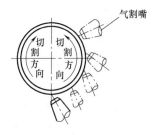

图 3-40　转动管气割示意图　　　图 3-41　水平固定钢管气割示意图

5）角钢气割操作。气割角钢往往采取两种形式，一种是对于厚度小于 5mm 的角钢，采取倒扣在地上的形式，即角钢的两个边着地如图 3-42 所示。气割时，先从一个面的边割起，将割嘴与角钢表面垂直，当气割到另一面时，将割嘴调整到与另一面的角钢表面约成 20°角的位置，直到角钢被割断。另外一种是对于厚度大于 5 mm 的角钢，如图 3-43 所示。气割时将角钢一面着地放置，先割水平面，割到中间角时，割嘴停止移动，将割嘴由垂直位置调整到水平位置再往上割，直到把垂直面割断。

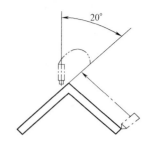

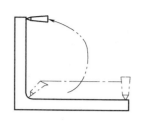

图 3-42　5mm 以下角钢气割方法　　图 3-43　5mm 以上角钢气割方法

6) 机械气割。半自动气割机是在机械气割中常用的一种设备。把气割机放在导轨上，矫正导轨，调整好割炬与切割线之间的距离，接好电源后把氧气和乙炔的胶管接好，调整好氧气和乙炔的使用压力。直线气割时要调整好割炬的垂直度，把开关调到使气割机向气割方向前进的位置，并定好速度，打开预热氧和乙炔调节阀，点火并调整预热火焰。起割点被预热到亮红色时，打开切割氧将工件割穿，打开行走开关，气割机开始行走。气割过程中要根据情况随时调节预热火焰，使之为中性焰，还要调整好割嘴与割件之间的距离。切割速度要调整适当，过快、过慢都会影响切割质量。用气割机切割中等厚度钢板时，割嘴应始终保持与工件表面垂直。停止切割时先关闭切割氧，再分别关闭行走开关、乙炔调节阀、预热氧调节阀。

当采用半自动气割机切割焊接坡口时，调整好割嘴与割件的倾斜角，以切割坡口的斜面。

（七）碳弧气刨

1. 碳弧气刨概述

（1）碳弧气刨原理、特点及应用范围

1）碳弧气刨的原理

碳弧气刨是利用碳棒（石墨棒）与工件之间产生的电弧热将

金属熔化，同时在气刨枪中用压缩空气将这些熔化金属吹掉，随着气刨枪向前移动，便在金属上刨削出沟槽的一种刨削工艺方法。

在碳弧气刨中，压缩空气的主要作用是把碳极电弧高温加热而熔化的母材金属吹掉，同时还可以对碳棒起冷却作用，减少碳棒的损耗。但压缩空气的流量过大时，将会使被熔化的金属温度降低，而不利于"刨削"或影响电弧的稳定燃烧。

2）碳弧气刨的特点

碳弧气刨是使用碳棒或石墨棒作电极，与工件间产生电弧，将金属熔化，并用压缩空气将熔化金属吹除的一种表面加工沟槽的方法。在焊接生产中，主要用来刨槽、消除焊缝缺陷和背面清根。碳弧气刨有下列特点：

① 手工碳弧气刨时，灵活性很大，可进行全位置操作。可达性好，非常简便。

② 清除焊缝的缺陷时，在电弧下可清楚地观察到缺陷的形状和深度。

③ 噪声小，效率高。用自动碳弧气刨时，具有较高的精度，减轻劳动强度。

碳弧气刨的缺点是：碳弧有烟雾、粉尘污染和弧光辐射，此外，操作不当容易引起槽道增碳。

3）碳弧气刨的应用

目前，碳弧气刨这种方法已广泛应用在造船、机械制造、锅炉、压力容器等金属结构制造部门，主要用于双面焊时，清理背面焊根、清除焊缝中的缺陷以及加工坡口。

（2）碳弧气刨设备、工具及材料

1）碳弧气刨电源。碳弧气刨设备一般采用具有陡降外特性的直流电源。

2）气刨枪。碳弧气刨的电极夹头应导电性良好、夹持牢固，外壳绝缘及绝热性能良好，更换碳棒方便，压缩空气喷射集中而准确，重量轻和使用方便。碳弧气刨就是在焊条电弧焊的基础上，增加了压缩空气的进气管和喷嘴而制成。碳弧气刨枪有侧面送风式和圆周送风式两种。

3）碳棒。碳棒（即电极）用于传导电流和引燃电弧。是由碳、石墨加上适当的粘合剂，通过挤压成型，焙烤后镀一层铜而制成。碳棒主要分圆碳棒、扁碳棒和半圆碳棒三种，圆碳棒用于焊缝背面挑焊根；扁碳棒用于刨宽槽、开坡口、刨焊瘤及钢板表面留下的焊疤，适用于大面积的刨削。对碳棒的要求是耐高温，导电性良好，不易断裂，使用时散发烟雾及粉尘少。

4）碳弧气刨软管。碳弧气刨所需的压缩空气由气刨软管进行输送，目前应用较多的一种是风电合一的碳弧气刨软管。

2. 碳弧气刨工艺

（1）碳弧气刨工艺参数

1）碳棒直径。碳棒直径通常根据钢板的厚度选用，但也要考虑刨槽宽度的需要，一般直径应比所需的槽宽小 2～4mm。

2）电源极性。碳素钢和普通低合金钢碳弧气刨时，一般采用直流反接，即工件接负极，碳棒接正极。这样可以使电弧稳定。

3）电流与碳棒直径。碳棒的直径与电流值的选择主要根据被刨钢板的厚度和刨槽宽度来决定，被刨金属越厚，碳棒直径越大，则刨槽越宽。被刨钢板厚度越大，散热越快。为了加快金属的刨削速度，电流也相应增大。

对于一定直径的碳棒，如果电流较小，则电弧不稳，且易产生夹碳缺陷；适当增大电流，可提高刨削速度，使刨槽表面光滑、宽度增大。在实际应用中，一般选用较大的电流，但电流过大时，碳棒头部过热而发红，镀铜层易脱落，碳棒烧损很快，甚至碳棒熔化滴入槽道内，使槽道严重渗碳。正常电流下，碳棒发红长度约为 25mm。碳棒直径的选择主要根据所需的刨槽宽度而定，碳棒直径越大，则刨槽越宽。一般碳棒直径应比所要求的刨槽宽度小 4mm。

4）刨削速度。刨削速度对刨槽尺寸、表面质量和刨削过程的稳定性有一定的影响。刨削速度需与电流大小和刨槽深度（或碳棒与工件间的夹角）相匹配。刨削速度太快，易造成碳棒与金属接触，使碳凝结在刨槽的顶端，造成短路、电弧熄灭，形成夹碳缺陷。一般刨削速度为 0.5～1.2m/min 为宜。

5）压缩空气压力。压缩空气的作用是用来吹走已熔化的金属。压缩空气压力高，能迅速吹走液体金属，刨削有力，使碳刨过程顺利进行。压力低，则造成刨槽表面粘渣。因此，适当地提高压缩空气压力，能够提高削刨速度。

压缩空气的压力会直接影响刨削速度和刨槽表面质量。压力太小熔化的金属吹不掉，刨削很难进行。压力低于 0.4MPa 时，就不能进行刨削。压缩空气压力过高，刨削有利。当电流大时，熔化金属也增加。当电流较小时，高的压缩空气压力易使电弧不稳，甚至熄弧。碳弧气刨常用的压缩空气压力为 0.4～0.6MPa。

压缩空气所含水分和油分都应清除，可通过在压缩空气的管道中加过滤装置，以保证刨削质量。

6）碳棒的外伸长度。碳棒外伸长度指碳棒从碳棒枪钳口导电处至电弧始端的长度。伸出长度大，压缩空气的喷嘴离电弧就远，电阻也增大，碳弧易发热，碳棒烧损也较大，并且造成风力不足，不能将熔渣顺利吹掉，而且碳棒也容易折断。一般外伸长为 80～100mm 为宜。随着碳棒烧损，碳棒的外伸长不断减少，当外伸长减少到 20～30mm 时，应将外伸长重新调至 80～100mm。

7）碳棒与工件间的夹角。碳棒与工件间的夹角 α 大小，主要会影响刨槽深度和刨削速度。夹角增大，则刨削深度增加，刨削速度减小。一般手工碳弧气刨采用夹角 45°～60°为宜（见图 3-44）。碳棒中心线要与刨槽的中心线相重合，否则会造成刨槽的形状不对称，影响槽宽质量。碳棒夹角与刨槽深度的关系如图 3-45 所示。

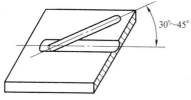

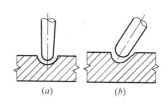

图 3-44　碳棒与刨件的夹角

图 3-45　刨槽的形状

(a) 刨槽形状对称；(b) 刨槽形状不对称

8）电弧长度。碳弧气刨操作时，电弧长度过长会引起电弧不稳，甚至会造成熄弧。操作时电弧长度以 1～2mm 为宜，并尽量保持短弧。这样可以提高生产效率，同时也可提高碳棒的利用率。但电弧太短时，容易引起"夹碳"缺陷。刨削过程弧长变化尽量小以保证得到均匀的刨削尺寸。

（2）碳弧气刨操作要领

1）操作规程

① 准备工作。将碳弧气刨电源、气刨软管、气刨枪和刨件等用电缆线连接好，外部接线如图 3-46 所示，刨削前首先要检查电源极性是否正确，一般都采用直流反接。开启电源，根据碳棒直径选择刨削电流。调节碳棒伸出长度 80～100mm，检查压缩空气管路，调节好出风口和压力，使风口正好对准刨槽。

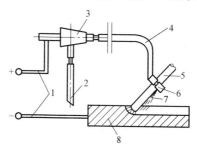

图 3-46　碳弧气刨外部接线

1—电缆线；2—进气导管；3—接头；4—风电合—软管；

5—碳棒；6—刨枪钳口；7—压缩空气液；8—刨件

② 引弧。引弧前应先送风，因碳棒与刨件接触引弧造成短路，如不预先送风冷却，很大的短路电流会使碳棒烧红。在电弧引燃的一瞬间，电弧不要拉得太长，以免熄弧。引弧成功后，开始只将碳棒向下进给，暂时不往前移动。

③ 刨削过程。因为开始刨削时钢板温度低，不能很快熔化，当电弧引燃后，此时刨削速度应慢一点，否则易产生夹碳。当钢板熔化且被压缩空气吹去时，可适当加快刨削速度。刨削过程中，碳棒不应横向摆动和前后往复移动，只能沿刨削方向作直线运动。碳棒倾角按槽深要求而定，倾角可为 25°～45°。刨削时，手的动作要稳，对好准线，碳棒中心线应与刨槽中心线重合，否则易造成刨槽形状不对称。在垂直位置气刨时，应由上向下移动，以便焊渣流出。要保持均匀的刨削速度。刨削时，均匀清脆的"嘶、嘶"声表示电弧稳定，能得到光滑均匀的刨槽。每段刨槽衔接时，应在弧坑上引弧，防止碰触刨槽或产生严重凹痕。刨削结束时，应先切断电弧，过几秒后再关闭气阀，使碳棒冷却。刨槽后应清除刨槽及其边缘的铁渣、毛刺和氧化皮，用钢丝刷清除刨槽内炭灰和"铜斑"。并按刨槽要求检查焊缝根部是否完全刨透，缺陷是否完全清除。

④ 焊缝返修时刨削缺陷。焊缝经探伤后，发现有超标的缺陷时，可用碳弧气刨进行刨除。根据检验人员在焊缝上做出的缺陷位置的标记来进行刨削，刨削过程中要注意一层一层地刨，每层刨削不要太厚。当发现缺陷后，要轻轻地再往下刨一、二层，直到将缺陷彻底刨掉为止。

⑤ 收弧。碳弧气刨收弧时，要先断弧，过几秒钟后再关闭阀门，使碳棒得到冷却。

2）碳弧气刨的安全防护

① 在雨雪天和大风天不得进行露天气刨和切割。

② 露天作业时，应尽可能顺风向操作，防止被吹散的铁水及熔渣烧伤。并注意场地的防火。

③ 在容器或舱室内部作业时，内部尺寸不能过于狭小，而

且必须加强通风，以便排除烟尘，而且要求两人以上。

④ 气刨时使用的电流较大，应注意防止电源过载或长时间连续使用而发热。

⑤ 操作地点的防火距离要大于一般电焊、气割作业的防火距离。

⑥ 为了防止火灾和降低烟尘，气刨普通碳钢时，可采用水雾电弧气刨法，即在碳棒周围喷射出适量的水雾，以熄灭飞溅的火花和降低烟尘。此时应注意气刨枪不能漏水，以防触电。

⑦ 更换或移动热碳棒时，必须由上往下插入夹钳内。严禁用手抓握引弧端，以防炽热的碳棒烧焦手套或烫伤手掌。

⑧ 碳弧气刨由于弧光较强，操作人员应戴上深色护目镜。防止喷吹出来的熔融金属烧损作业服及对眼睛的伤害，工作场地应注意防火。

⑨ 气刨时烟尘大，由于碳棒使用沥青粘结而成，表面镀铜，因此烟尘中含有 $1\%\sim1.5\%$ 的铜，并产生有害气体，所以操作者宜佩戴送风式面罩。在容器或狭小部位操作时，必须加强环境抽风和及时排出烟尘的措施。

⑩ 气刨时，产生的噪声较大，操作者应佩戴耳塞。除上述安全防护措施外，还应遵守焊条电弧焊的有关防护措施的规定。

四、焊接质量检查

（一）焊接缺陷

焊接接头中因焊接产生的金属不连续、不致密或连接不良的现象，称为"焊接缺欠"。超过规定限值的缺欠，称为"焊接缺陷"。

1. 焊缝的外观质量检查

（1）表面缺陷种类及特征

1）咬边

咬边是指沿焊趾的母材部位产生的沟槽或凹陷。咬边可以是连续的或间断的，如图 4-1 所示。

图 4-1　咬边

2）表面气孔

焊缝表面气孔是指焊接中气体不能从焊缝表面及时溢出，露在表面的空穴。表面气孔是一种常见的焊接缺陷，分为分散气孔和密集气孔。

3）表面夹渣

表面夹渣是指夹在焊缝金属中且部分外露在焊缝表面的残留熔渣。由于夹渣尺寸较大，且不规则，减弱焊缝的有效截面积，降低焊接接头的塑性和韧性。在夹渣的尖角处会造成应力集中，因而对脆性倾向较大的焊缝金属，易在夹渣尖角处扩展为裂纹。

4）焊瘤

在焊接过程中，熔化金属流淌到焊缝之外未熔化的母材上所形成的金属瘤称为焊瘤，如图 4-2 所示。

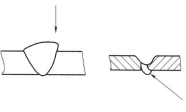

图 4-2　焊瘤

5）弧坑

弧坑是焊条电弧焊时，由于收弧不当，在焊道末端形成的低于母材的低洼部分，如图 4-3 所示。弧坑也是凹坑的一种。

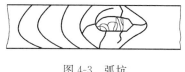

图 4-3　弧坑

6）烧穿

在焊接过程中，熔化金属自坡口背面流出，形成的穿孔缺陷称为烧穿。

7）未焊满

由于填充金属不足，在焊缝表面形成的连续或断续的沟槽称为未焊满，如图 4-4 所示。

8）错边

由于两块被焊板材没有对正而造成的两块板材表面之间的平行偏差称为错边，如图 4-5 所示。

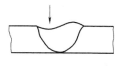

图 4-4　未焊满

图 4-5　错边

9）焊缝尺寸不符合要求

焊缝尺寸不符合要求主要表现在焊缝外表高低不平、焊波宽窄不齐，余高过大或过小。角焊缝焊脚尺寸不等，焊缝尺寸过小，使焊接接头强度降低。焊缝尺寸过大不仅浪费焊接材料，还会增加焊件的应力和变形；塌陷量过大的焊缝，使接头强度降低；余高过大的焊缝，造成应力集中、减弱结构的工作性能。

① 焊脚不对称　角焊缝的焊脚尺寸不相等称为焊脚不对称，如图 4-6 所示。

② 焊缝超高　对接焊缝表面上的焊缝金属过高称为焊缝超高。

③ 焊缝宽度不齐　焊缝宽度的变化过大称为焊缝宽度不齐。

④ 表面不规则　焊缝表面过分粗糙即表面不规则。

10）其他缺陷

① 角度偏差

由于两块被焊板材没有对正，或因焊接变形造成的两块板材的板面不平行或未构成预定的角度称为角度偏差，如图 4-7 所示。

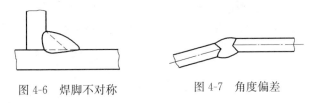

图 4-6　焊脚不对称　　　　图 4-7　角度偏差

② 焊缝接头不良

焊缝衔接处的局部表面不规则称为焊缝接头不良，如图 4-8 所示。

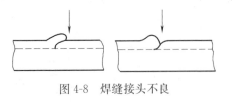

图 4-8　焊缝接头不良

③ 电弧擦伤

在焊缝坡口外部引弧或打弧时在母材金属表面上造成的局部损伤称为电弧擦伤。

④ 飞溅

在熔焊过程中，熔化金属的颗粒和熔渣会向周围飞散，这种现象称为飞溅。习惯上把飞溅散出的金属颗粒和渣粒称为飞溅。

⑤ 下垂

由于重力作用造成的焊缝金属塌落的现象称为下垂。下垂分为横焊缝垂直下垂、平焊缝或仰焊缝下垂、角焊缝下垂和边缘下垂几种，如图 4-9 所示。

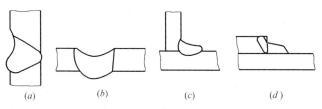

(a)   (b)   (c)   (d)

图 4-9   各种下垂

(a) 横焊缝垂直下垂；(b) 平焊缝或仰焊缝下垂；

(c) 角焊缝下垂；(d) 边缘下垂

（2）焊接表面缺陷的检查方法

外观检查是一种常用的、简单的检验方法，以肉眼观察为主，必要时利用低倍放大镜、焊口检测尺、样板或量具等对焊缝外观尺寸和焊缝成型进行检查。检查前应将焊缝表面的熔渣、氧化皮及焊疤等清理干净。

焊缝检验尺是一种常用的焊缝外观尺寸检测工具，主要有主尺、高度尺、咬边深度尺和多用尺四个零件组成、用来检测焊件的各种坡口角度、高度、宽度、间隙和咬边深度。适用于锅炉、桥梁、造船、压力容器和油田管道的检测。也适用于测量焊接质量要求较高的零部件。如图 4-10 所示。

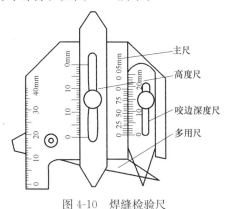

图 4-10   焊缝检验尺

焊接检验尺的使用，如图 4-11 所示：测量平面焊缝高度（a）、测量角焊缝高度（b）、测量角焊缝（c）、测量焊缝咬边深

135

度（d）、测量焊件坡口角度（e）、测量焊缝宽度（f）、测量装配间隙（g）。

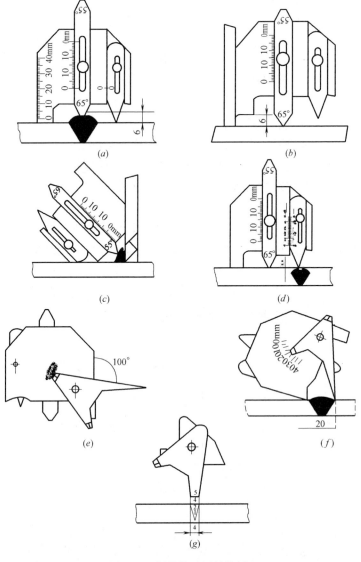

图 4-11　焊接检验尺的使用

2. 焊接表面缺陷产生的原因及预防措施

（1）咬边

1）缺陷产生原因

咬边缺陷主要是由于电弧热量太高，即焊接电流过大，弧长过长或焊条速度不当引起。横焊或立焊时焊条直径过大或焊条角度不正确也能引起咬边。埋弧焊时，往往由于焊接速度过高而产生咬边。

2）缺陷预防措施

选择正确的焊接电流和焊接速度，电弧不能过长，保持运条均匀，保持正确的焊条角度。采用摆动焊时，在焊缝的每侧必须稍作停留，焊接过程中尽量采用短弧焊。埋弧焊时，焊接速度不能过高，应选择正确的焊接工艺参数。总之，焊接速度必须满足所熔敷的焊缝金属完全填充于母材所有已熔化的部分。

（2）表面气孔

1）缺陷产生原因：

① 焊件金属表面受铁锈、油污、氧化物等脏物污染。

② 焊条药皮中水分过大，焊件表面潮湿。

③ 焊接电弧过长或偏吹。

④ 焊接电流过大或过小。

⑤ 焊接速度过快。

⑥ 焊条极性不正确。

2）缺陷预防措施

① 清除焊件表面及坡口内的铁锈、油污、水分，清除宽度应控制在焊口两侧各 20mm 范围内。

② 严格按照工艺要求规定的烘干温度在焊前烘干焊条、焊剂。

③ 尽量采取短弧焊，特别是在适用碱性焊条时不要随意拉长电弧，易减小弧柱与空气的接触，较小空气中氮气、氧气进入熔池的机会。

④ 选择合适的焊接电流，避免焊条末端药皮发红。

⑤ 降低焊接速度，利用运条动作，加强熔池金属搅拌，使熔池内的气体能顺利溢出。

⑥ 采取碱性焊条时，电源一定要直流反接。

⑦ 防止电弧偏吹，不要使用偏心度超过标准的焊条。

（3）表面夹渣

1）缺陷产生原因

① 焊前清理不干净或上层焊道熔渣清理不干净。

② 焊条摆动幅度过宽，使液态熔渣在焊道边缘处凝固。

③ 焊条前进速度不均匀。

④ 焊件倾角太大，使熔渣流在电弧之前。

⑤ 焊接电流过小，熔池凝固过快，熔渣不能及时排出。

⑥ 焊接运弧不当，不能使熔渣与熔池金属很好地分离。

2）缺陷预防措施

① 尽量选用脱渣性、脱氧性和脱硫性较好的焊条、焊剂。

② 焊接表面焊道以前将前一焊道熔渣清理干净。

③ 摆动幅度不宜过大。

④ 焊接电流不宜过小，焊条直径不宜过小。

⑤ 掌握正确运弧手法，将熔池中混绞的熔渣排除。

⑥ 采取均匀一致的焊接速度。

⑦ 减小焊件倾角。

⑧ 加大焊条的角度或提高焊接速度。

（4）焊瘤

1）缺陷产生原因

由于熔池温度过高，使液态金属缓慢凝固，由于自重作用而向下流淌从而形成焊瘤。造成熔池温度过高而使液态金属在高温停留时间过长的基本原因是焊接电流偏大及焊接速度过慢。另外，由于焊接位置不同，造成液态金属向下流淌的趋势也不同。对于立焊、横焊及仰焊操作时，如果运条动作慢，就会明显地产生熔敷金属下坠，下坠的金属冷却后就成为焊瘤。

2）缺陷预防措施

① 选择合适的焊接电流。

② 坡口间隙处停留时间不宜过长。

③ 控制合适的焊接速度，焊接速度不易过慢。

（5）弧坑

1）缺陷产生原因

熄弧过快；薄板焊接时电流过大；焊工操作技能差；停弧或收弧时没有填满弧坑等。

2）缺陷预防措施

① 提高焊工操作技能，适当摆动焊条以填满凹陷部分。

② 在收弧处短时停留或作几次环形运条，以继续增加一定量的熔化金属填满弧坑。

（6）烧穿

1）缺陷产生原因

① 焊接电流大，焊接速度慢，使焊件过度加热；

② 坡口间隙大，钝边过薄；

③ 焊工操作技能差。

2）缺陷预防措施

选择合适的焊接工艺参数及合适的坡口尺寸；提高焊工的操作技能。

（7）焊缝尺寸不符合要求

1）缺陷产生的原因主要有以下几点

① 焊接技术不熟练、焊条送进和移动速度不均匀、运条手法不正确、焊条与焊件夹角太大或太小、焊接时焊工手部不断抖动等。

② 焊接坡口开的不当、装配质量不高。

③ 焊接工艺参数选择不当。

④ 焊缝可达性不好，焊工不能灵活运条。

⑤ 焊工护目镜片遮光号过大，焊工看不清焊缝位置。

2）防止缺陷产生的措施有以下几点

① 努力提高焊工的操作技能水平。

② 尽量采用金属切割方法加工焊件的坡口面。

③ 提高装配质量，推广使用工具、夹具、模具装配焊接。

④ 选择适当的焊接工艺参数。

⑤ 改进设计、改善焊缝的可达性。

⑥ 正确选用护目遮光镜片的遮光号。

（二）表面缺陷返修及焊补

1. 焊缝外观质量要求及返修要求

（1）外观质量要求

焊缝外形尺寸应符合设计图样和工艺文件规定，焊缝的高度不低于母材，焊缝与母材应圆滑过渡。焊缝及热影响区表面不允许有裂纹、未熔合、夹渣、弧坑和气孔。焊缝外观质量的检查依据，主要根据有关的国家标准、专业标准、产品技术条件以及考试规则等文件来判定。在上述几类标准或文件中对焊缝外形尺寸、表面缺陷的大小和数量以及检测手段都有明确的规定。

（2）返修及补焊要求

1）返修及补焊操作应由具有相应资质的焊工担任。

2）对于锅炉、压力容器及压力管道的重要设备、结构的返修应采取经过评定验证的焊接工艺，返修前应制定返修措施。锅炉同一部位返修不应超过三次。

3）对于重要设备、结构返修焊接，次数一般不应超过两次。对于经过两次返修仍不合格的焊缝，如需再返修，则需经制造单位技术负责人批准。

4）焊缝返修最小长度应满足相应焊接标准、规范要求。

5）焊缝表面缺陷相应的质量验收标准时，对气孔、夹渣、焊瘤、余高过大等应用砂轮打磨等方法去除，必要时进行焊补。对焊缝尺寸不足、咬边、弧坑等缺陷应进行焊补。

6）对于压力容器等设备母材表面超过 0.5mm 深的划伤、电弧擦伤、焊疤等缺陷，应打磨平滑，必要时应进行焊补。

2. 焊缝表面缺陷返修、焊补操作

（1）返修、补焊前准备

1）正确确定缺陷种类、部位、缺陷性质。

2）制定返修措施。根据缺陷性质，制定有效的返修工艺，包括：坡口的制备、补焊方法的选择、预热、后热温度控制等。

（2）返修、补焊操作要点

1）清除缺陷。根据工件材质、板厚、缺陷部位、缺陷大小及种类等情况，选择碳弧气刨、手工铲磨、机械加工等方法对缺陷进行清除。

2）补焊时，采取多层多道焊，错开每层、每道焊缝的起始和收尾处，焊后及时进行清除应力、去氢、改善焊缝组织等处理。

3）返修后的焊缝表面，应进行修磨，使其与原焊缝基本一致，圆滑过渡。

4）要求焊后热处理的工件应在热处理前返修，如在热处理后还需返修，返修后应再做热处理。

习　题

一、判断题

1. ［初级］开坡口的目的是保证焊件可以在厚度方向上全部焊透。

【答案】正确

【解析】通过开坡口可以较小焊 接区域的母材厚度，焊接电弧能够较好地将焊缝熔透。

2. ［初级］焊接接头包括焊缝、熔合区和热影响区。

【答案】正确

【解析】焊接接头是指焊接时受热发生金属组织、性能变化的区域，除了焊缝外还包括熔合区及热影响区。

3. ［初级］采用 E5015 焊条焊接时，应采用直流正接法。

【答案】错误

【解析】E5015 焊条属于低氢钠型碱性焊条，焊接时需要采取直流反接法。

4. ［初级］焊缝表面两焊趾之间的距离称为焊缝宽度。

【答案】正确

5. ［初级］为了便于操作和保证背面焊道的质量，打底焊时，应使用较小的焊接电流。

【答案】正确

【解析】电流过大，将造成根部烧穿或背面焊缝过高。

6. ［初级］手工电弧焊时，直径相同的酸性焊条焊接时弧长要比碱性焊条长些。

【答案】正确

【解析】主要是由酸碱性焊条的药皮特性决定的，碱性焊条要求短弧焊接。

7. ［初级］手工电弧焊多层多道焊时有利于提高焊缝金属的塑性和韧性。

【答案】正确

【解析】多层多道焊可以防止焊接时热输入过大，后一层焊道同时对前一层焊道起到热处理作用。

8. ［初级］手工钨极氩弧焊几乎可以焊接所有的金属材料。

【答案】正确

【解析】手工钨极氩弧焊相对手工焊条焊等焊接方法，焊缝成型容易控制，成型较好。另外由于在惰性气体保护下焊接，填充金属及母材金属几乎不发生化学成分的改变。

9. ［初级］CO_2 气体保护焊时，熔滴均采用短路过渡形式，才能获得良好的焊缝成形。

【答案】错误

【解析】在一定的焊接位置及焊接设备情况下，射流过渡及脉冲焊接等也可获得较好的焊缝成形。

10. ［初级］CO_2 气体保护焊时，应先引弧再通气，才能保证电弧的稳定燃烧。

【答案】错误

【解析】应通气再引弧，才能保证电弧的稳定燃烧。

11. ［初级］GTAW 代表钨极氩弧焊。

【答案】正确

【解析】GTAW 是钨极氩弧焊的焊接方法代号，是英文 Gas Tungsten Arc Weld 的缩写。

12. ［初级］定位焊所使用的焊条可和正式焊接的焊条不一致，工艺条件也可降低。

【答案】错误

【解析】为保证焊接质量，定位焊应选用和正式焊接相一致的焊条。

13.［初级］直流反接是指焊条接负极，焊件接正极。

【答案】错误

【解析】直流反接是指焊条接正极，焊件接负极。

14.［初级］清除坡口表面的铁、锈、油污、水分的目的是提高焊缝金属强度。

【答案】错误

【解析】清除坡口表面的铁、锈、油污、水分的目的是减少焊缝中氢的含量，防止焊缝产生气孔、裂纹等缺陷。

15.［初级］立焊、横焊时选用的电流要比平焊时大些。

【答案】错误

【解析】立焊、横焊时选用的电流要比平焊时小些。

16.［初级］定位焊只是为了装配和固定接头位置，因此要求与正式焊接可以不一样。

【答案】错误

【解析】定位焊虽然是为了装配和固定接头位置，但要求与正式焊接一样。

17.［初级］弧坑仅是焊道末端产生的缺陷，所以是一种没有危害的缺陷。

【答案】错误

【解析】弧坑虽然是焊道末端产生的缺陷，但也是一种有危害的缺陷，同样影响焊缝质量。

18.［初级］关闭焊炬的顺序为先关闭氧气阀门，再关闭乙炔阀门。

【答案】错误

【解析】焊炬停止使用时，应先关闭乙炔阀门，再关闭氧气阀门，防止火焰倒袭及产生烟尘。

19. 〔初级〕可燃气体的流速大于火焰燃烧速度时，易发生回火。

【答案】错误

【解析】可燃气体的流速小于火焰燃烧速度时，易发生回火。

20. 〔初级〕高处作业严格遵守高处作业有关规定，并佩戴合格的安全带。

【答案】正确

【解析】合格的安全带是高空作业必须佩戴的防护用品，并且要求正确使用。

21. 〔中级〕钝边的作用是防止接头根部烧穿。

【答案】正确

【解析】钝边的作用是防止接头根部烧穿。

22. 〔中级〕为保证焊透，同样厚度的T形接头应比对接接头选用直径较细的焊条。

【答案】错误

【解析】为保证焊透，同样厚度对接接头应比T形接头选用直径较细的焊条。

23. 〔中级〕CO_2气体保护焊，熔滴不应呈粗粒状过渡，因为此时飞溅加大，焊缝成形恶化。

【答案】正确

【解析】粗粒状过渡焊缝成形相对较差。

24. 〔中级〕通过焊接电流和电弧电压的配合，可以控制焊缝形状。

【答案】正确

【解析】电流影响焊缝熔深，电压影响焊缝熔宽，相互配合可以控制焊缝成形。

25. 〔中级〕当焊件在较低温度下焊接时，应对焊件进行预热。

【答案】正确

【解析】低温下焊接，焊缝冷却速度过快往往容易产生气孔，及容易产生冷裂纹，为此通过预热可以适当起到防止作用。

26.〔中级〕弧长对焊接电弧的稳定性没有影响。

【答案】错误

【解析】弧长对焊接电弧的稳定性有影响。

27.〔中级〕手工钨极氩弧焊保护效果好，线能量小，因此焊缝金属化学成分好，焊缝和热影响区组织细，焊缝和热影响区的性能好。

【答案】正确

【解析】手工钨极氩弧焊保护效果好，线能量小，因此焊缝金属化学成分好，焊缝和热影响区组织细，焊缝和热影响区的性能好。

28.〔中级〕焊接工艺参数对保证焊接质量是十分重要的。

【答案】正确

【解析】焊接工艺参数对保证焊接质量是十分重要的，焊接工艺参数不当，可以产生各种焊接缺陷，如气孔、夹渣等，同时可能造成焊接接头使用性能下降。

29.〔中级〕酸性焊条都是交、直流两用焊条；碱性焊条则仅限于采用直流电源。

【答案】错误

【解析】部分碱性焊条也可用于交流电源，如低氢钾型焊条。

30.〔中级〕手工钨极氩弧焊有加填充焊丝和不加填充焊丝。

【答案】正确

【解析】手工钨极氩弧焊可以加填充焊丝也可以不加填充焊丝，不加填充焊丝时进行自熔焊接。

31.〔中级〕在任何焊接位置，电弧吹力都是促使熔滴过渡的力。

【答案】正确

【解析】在任何焊接位置，电弧吹力都是促使熔滴过渡的力。

32. 熔滴飞溅的冶金原因是，由于熔滴金属中吸收了大量的空气中的氮气。

【答案】错误

【解析】熔滴飞溅的冶金原因是由于熔滴金属中吸收了大量的空气中的氮气。

33. 〔中级〕珠光体耐热钢中的铬是用来提高钢的高温强度；钼是提高钢的高温抗氧化性。

【答案】错误

【解析】铬主要提高抗氧化性，钼主要提高高温强度。

34. 〔中级〕珠光体耐热钢焊接时，必须根据等强度的原则，选择与母材强度等级相一致的焊条。

【答案】错误

【解析】珠光体耐热钢焊接时，必须根据等条件的原则，选择与母材成分相一致的焊条。

35. 〔中级〕奥氏体不锈钢焊接接头中，焊缝要比热影响区容易产生晶间腐蚀。

【答案】错误

【解析】奥氏体不锈钢焊接接头中，焊缝和热影响区都容易产生晶间腐蚀。

36. 〔中级〕电弧焊时，产生应力和变形的根本原因是电弧的高温对焊件局部加热的结果。

【答案】正确

【解析】电弧焊时，产生应力和变形的根本原因是电弧的高温对焊件局部加热，导致接头受热不均。

37. 〔中级〕两块厚度相同，宽度一样的钢板对接焊时，焊缝两侧的距离相等的各点，其焊接热循环是不同的。

【答案】正确

【解析】由于焊接熔池温度的不均匀性，导致两块厚度相同，宽度一样的钢板对接焊时，焊缝两侧的距离相等的各点，其焊接热循环是不同的。

38. ［中级］CO_2 回路中的干燥器，其作用是吸收 CO_2 气体中的水分。

【答案】正确

【解析】CO_2 回路中的干燥器，其作用是吸收 CO_2 气体中的水分。

39. ［中级］焊剂 431 中的主要成分是 MnO，SiO_2 和 CaF_2。

【答案】正确

【解析】焊剂 431 是高锰高硅低氟焊剂。

40. ［中级］15CrMo，12Cr1MoV 属于珠光体耐热钢，所以不是强度钢。

【答案】正确

【解析】15CrMo、12Cr1MoV 属于珠光体耐热钢。

41. ［高级］减少焊缝金属中 S，P 含量的主要措施是利用熔渣对熔池金属的脱硫，脱磷反应。

【答案】正确

【解析】通过化学冶金反应，即利用熔渣对熔池金属的脱硫、脱磷反应。

42. ［高级］药芯焊丝 CO_2 气体保护焊，由于药芯成分改变了纯 CO_2 电弧气体的物理、化学性质，因而飞溅少，且飞溅颗粒细，容易清除。

【答案】正确

【解析】药芯焊丝 CO_2 气体保护焊，药芯相当于焊条焊的药皮，起到了焊条药皮的作用。

43. ［高级］珠光体耐热钢与普通低合金钢焊接时，应该根据珠光体耐热钢的化学成分来选择相应的焊接材料。

【答案】错误

【解析】珠光体耐热钢与普通低合金钢焊接时，应该根据普通低合金钢的化学成分来选择相应的焊接材料。

44. 〔高级〕CO_2 气体保护焊由于氧化性太强，所以不能用来焊接钛及钛合金。

【答案】正确

【解析】CO_2 气体保护焊由于氧化性强，往往用于焊接碳钢、低合金钢等。

45. 〔高级〕低温用钢板焊接时，一般都采用焊后能获得稳定的低温韧性的高 Ni 合金作为焊接材料。

【答案】正确

【解析】Ni 可以提高金属的低温韧性，可以有效防止冷裂纹的产生。

46. 〔高级〕奥氏体不锈钢与珠光体耐热钢焊接时，应选择珠光体耐热钢型的焊接材料。

【答案】错误

【解析】奥氏体不锈钢与珠光体耐热钢焊接时，应选择铬镍含量较高的奥氏体不锈钢焊接材料。

47. 〔高级〕钢与铜及铜合金焊接时，可采用镍及镍合金作为过渡层的材料。

【答案】正确

【解析】钢与铜及铜合金焊接时，可采用镍及镍合金作为过渡层的材料。

48. 〔高级〕金属材料的焊接性与使用的焊接方法无关。

【答案】错误

【解析】金属材料的焊接性与使用的焊接方法有关，因为不同焊接方法对金属材料有不同的适应性。

49. 〔高级〕1Cr18Ni9Ti 奥氏体不锈钢焊缝表面及近表面的缺陷采用磁粉探伤最合适。

【答案】错误

【解析】1Cr18Ni9Ti 奥氏体不锈钢为非导磁性材料，所以焊缝表面及近表面的缺陷不能采用磁粉探伤。

50. 〔高级〕当两种金属的线膨胀系数相差很大时，在焊接过程中会产生很大的热应力。

【答案】正确

【解析】由于热膨胀量不一致，必然产生较大的热应力。

二、单选题

1. ［初级］在同样条件下焊接，采用（　　）坡口，焊后焊件的残余变形较小。

A. V 形　　　　B. X 形　　　　C. U 形　　　　D. I 形

【答案】B

【解析】因为 X 形坡口，可以使焊件正反面的变形相互抵消，较小最终变形量。

2. ［初级］型号为 ZXG-400 型弧焊整流器的数字 400 是指焊机的（　　）。

A. 电弧电压　　　　　　　　B. 空载电压

C. 额定焊接电流　　　　　　D. 额定焊接电压

【答案】C

【解析】电焊机相关国家标准规定，ZXG-400 中的 400 为焊机的额定焊接电流。

3. ［初级］焊割场地周围（　　）m 范围内，各类可燃易爆物品应清理干净。

A. 3　　　　B. 5　　　　C. 10　　　　D. 12

【答案】C

【解析】国家相关标准规定，焊割场地周围 10m 范围内，各类可燃易爆物品应清理干净。

4. ［初级］国家标准规定焊条型号中，"焊条"用字母（　　）表示。

A. J　　　　B. H　　　　C. E　　　　D. Z

【答案】C

【解析】国家相关标准规定，焊条型号中"E"表示焊条，实心焊丝型号中"ER"表示焊丝。

5. ［初级］"E4303"是碳钢焊条型号完整地表示方法，其中第三位阿拉伯数字表示的是（　　）。

A. 药皮类型　　　　　　　　B. 电流种类

C. 焊接位置　　　　　　　　D. 化学成分

【答案】C

【解析】例如："0"表示焊接位置中的全位置焊接。

6. ［初级］碱性焊条的烘干温度通常为（　　）℃。

A. 75～150　　　　　　　　B. 250～300

C. 350～400　　　　　　　　D. 450～500

【答案】C

【解析】碱性焊条通常进行350～400℃烘干，温度过低起不到烘干效果，温度过高将造成药皮成分烧损。

7. ［初级］焊接电源输出电压与输出电流之间的关系称为（　　）。

A. 电弧静特性　　　　　　　B. 电源外特性

C. 电源动特性　　　　　　　D. 电源调节特性

【答案】B

【解析】焊接电源输出电压与输出电流之间的关系称为电源外特性。

8. ［初级］E4303、E5003属于（　　）药皮类型的焊条。

A. 钛钙型　　　　　　　　　B. 钛铁矿型

C. 低氢钠型　　　　　　　　D. 低氢钾型

【答案】A

【解析】E4303、E5003属于钛钙型药皮类型的焊条，药皮中含有30%以上氧化钛及适量的（<20%）钙和镁的碳酸盐。

9. ［初级］E4316、E5016焊条焊接时焊接电源为（　　）。

A. 交流或直流正接、反接　　B. 直流正接

C. 交流或直流反接　　　　　D. 交流或直流正接

【答案】C

【解析】E4316、E5016 焊条为低氢钾型焊条，焊接电源为交流或直流反接。

10. ［初级］按我国现行规定，氩气的纯度应达到（ ）能满足焊接的要求。

A. 98.5％　　B. 99.5％　　C. 99.95％　　D. 99.99％

【答案】D

【解析】按我国现行规定，氩气的纯度应达到 99.99％，方可满足焊接的要求。

11. ［初级］钨极氩弧焊电源的外特性是（ ）的。

A. 陡降　　B. 水平　　C. 缓降　　D. 上升

【答案】A

【解析】钨极氩弧焊电源是陡降的外特性，可以较快地适应电弧长度的变化。

12. ［初级］氩弧焊的电源种类和极性需根据（ ）进行选择。

A. 焊件材质　　　　　B. 焊丝材质
C. 焊件厚度　　　　　D. 焊丝直径

【答案】A

【解析】如碳钢的选择直流正接，而铝镁合金选择交流。

13. ［初级］钨极氩弧焊采用（ ）时，可提高许用电流，且钨极烧损小。

A. 直流正接　　B. 直流反接　　C. 交流电　　D. 混接

【答案】A

【解析】直流正接，工件接正极，钨极接负极，钨极温度低，不容易烧损。

14. ［初级］（ ）是手弧焊最重要的工艺参数，是焊工在操作过程中唯一需要调节的参数。

A. 焊接电流　　　　　B. 电弧电压
C. 焊条类型　　　　　D. 焊条直径

【答案】A

【解析】手工焊条焊时，焊工仅需要调节焊接电流大小，不需要调节焊接电压。

15. ［初级］多层多道焊时，应特别注意（　　），以免产生夹渣、未熔合等缺陷。

A. 摆动焊条　　　　　　　　B. 选用小直径焊条

C. 清除熔渣　　　　　　　　D. 调节电流

【答案】C

【解析】熔渣清理不干净，后一层焊接时熔渣不能较好地浮出熔池，容易形成夹渣等缺陷。

16. ［初级］焊接过程中，熔化金属流淌到焊缝之外未熔化的母材上所形成的金属瘤称为（　　）。

A. 焊瘤　　　B. 下塌　　　C. 下垂　　　D. 烧穿

【答案】A

【解析】这是国家相关焊接标准中的定义。

17. ［初级］碳弧气刨时减少刨削速度，则（　　）。

A. 刨槽深度增大　　　　　　B. 刨槽深度减少

C. 刨槽宽度增大　　　　　　D. 刨槽宽度减少

【答案】A

【解析】碳弧气刨时减少刨削速度，刨削更充分，刨槽深度增大。

18. ［初级］焊件焊前预热的主要目的是（　　）。

A. 降低最高温度　　　　　　B. 增加高温停留时间

C. 降低冷却速度　　　　　　D. 延长冷却速度

【答案】C

【解析】通过预热可以有效地降低焊件的冷却速度。

19. ［初级］手工电弧焊时，将金属熔化是利用焊条与焊件之间产生的（　　）。

A. 电渣热　　　B. 电弧热　　　C. 化学热　　　D. 物理热

【答案】B

【解析】通过电弧放电产生的电弧热熔化金属。

20. ［初级］焊条电弧焊时，采用（　　）措施可以减少气孔的产生。

　　A. 增加焊接速度　　　　　　　B. 增加电弧长度
　　C. 严格烘干焊条　　　　　　　D. 静置焊条

【答案】C

【解析】焊条烘干可以有效去除水分，防止氢气孔等产生。

21. ［初级］氧气在气焊气割中是一种气体（　　）气体。

　　A. 可燃　　　　B. 易燃　　　　C. 杂质　　　　D. 助燃

【答案】D

【解析】氧气是帮助可燃物燃烧的气体，确切地说是指能与乙炔等物质发生燃烧反应的物质。

22. ［初级］乙炔在气割中是一种（　　）气体。

　　A. 可燃　　　　B. 辅助　　　　C. 杂质　　　　D. 助燃

【答案】A

【解析】可燃气体是指能与空气中的氧或其他氧化剂起燃烧化学反应的气体。

23. ［初级］气焊中，如遇回火现象，应首先关闭（　　）阀门。

　　A. 乙炔　　　　B. 氧气　　　　C. 二氧化碳　　D. 氩气

【答案】B

【解析】使用中若发生回火，应迅速关闭氧气阀门，同时关闭乙炔阀门，等回火熄灭后，再开启氧气阀门，吹处焊炬内的烟灰，并将焊炬前部放入水中冷却。

24. ［初级］发生回火的原因是火焰燃烧速度（　　）可燃气体的流速。

　　A. 大于　　　　B. 小于　　　　C. 相等　　　　D. 无关

【答案】A

【解析】气焊、气割发生回火的原因是火焰燃烧速度大于可燃气体流速。

25. ［初级］目前气焊主要应用于（　　）。

A. 有色金属及铸铁的焊接与修复

B. 难熔金属的焊接

C. 大直径管道的安装与焊接

D. 自动化焊接

【答案】A

【解析】目前气焊主要应用于有色金属及铸铁的焊接与修复，不用于压力容器、压力管道等承压类设备的焊接。

26.［初级］焊条电弧焊产生夹渣缺陷的主要原因是（   ）。

A. 焊接电流过小或过大   B. 母材过热

C. 坡口钝边小   D. 坡口钝边大

【答案】A

【解析】焊接电流过小，液态金属停留时间过短，熔渣不能有效排出。

27.［初级］焊接厚板开坡口对接平焊，为填满弧坑采用（   ）收尾法。

A. 画圈   B. 反复断弧   C. 回焊   D. 反复焊

【答案】A

【解析】厚板焊接时该种收弧方法比较有效。

28.［初级］焊条电弧焊时，产生气孔的一个原因是（   ）。

A. 坡口钝边过大

B. 电弧过短

C. 工件上的水、锈、油污清除不干净

D. 坡口钝边过小

【答案】C

【解析】工件上的水、锈、油污清除不干净，容易产生氢气孔。

29.［中级］钨极氩弧焊，目前建议采用的钨极材料是（   ）。

A. 纯钨   B. 铈钨   C. 钍钨   D. 锆钨

【答案】B

【解析】铈钨在低电流下有着极佳的起弧性能，并且辐射较低，对人体伤害小。

30.［中级］T形接头手工电弧平角焊时，（　　）最容易产生咬边。

A. 厚板　　　　　B. 薄板　　　　　C. 立板　　　　　D. 平板

【答案】C

【解析】因立板焊接时，液态金属容易出现下淌，操作不当将产生咬边。

31.［中级］焊接时，焊条直径应首先根据（　　）选择。

A. 焊接位置　　　　　　　　B. 焊件厚度

C. 接头形式　　　　　　　　D. 焊接方式

【答案】B

【解析】由于焊条直径对焊接电流大小选择影响较大，而焊件厚度又对焊接电流大小有所要求，所以焊件厚度也就对焊条直径有所要求。

32.［中级］碳弧气刨操作时应控制火花飞溅，操作地点的防火距离应（　　）一般焊接的距离。

A. 小于　　　　　B. 等于　　　　　C. 大于　　　　　D. 无关

【答案】C

【解析】由于碳弧气刨是电弧热将金属熔化后，通过压缩空气将液态金属从刨削区域吹除掉，为此，在碳弧气刨工作区域周围较大范围内将产生大量的液态高温金属铁水及飞溅等。

33.［中级］焊接时，随着焊接电流的增加，焊接热输入（　　）。

A. 减小　　　　　B. 不变　　　　　C. 增大　　　　　D. 不确定

【答案】C

【解析】焊接热输入是由焊接电流、焊接电压及焊接速度等决定的，焊接热输入与焊接电流、焊接电压成正比，与焊接速度成反比，为此增加焊接电流将增加焊接热输入。

34.［中级］熔化极氩弧焊时，熔滴应采用（　　）过渡形式。

A. 短路　　　　B. 颗粒状　　　　C. 喷射　　　　D. 散射

【答案】C

【解析】在纯氩保护焊接情况下，可以较好实现熔滴喷射过渡，飞溅小，效率高。

35. ［中级］手工电弧焊，当板厚（　　）mm时，必须开单V形坡口或双V形坡口焊接。

A.≤6　　　　B.<12　　　　C.>6　　　　D.≥12

【答案】C

【解析】因为当板厚超过一定值时，只有通过开坡口才可以保证焊透，保证焊接质量。

36. ［中级］CO_2 气体保护半自动焊时，采用短路引弧法，引弧前应把焊丝端部剪去，防止产生（　　）。

A. 未焊透　　　B. 飞溅　　　　C. 夹渣　　　　D. 气泡

【答案】C

【解析】由于焊丝端部在收弧后，高温情况下产生一定氧化，下次焊接时若不剪掉端部，会将氧化部分带入熔池。

37. ［中级］低氢型焊条在使用前必须烘干，其目的是（　　）。

A. 加快焊条的熔化速度

B. 使熔渣容易脱落

C. 减少药皮中的水分和焊缝金属中的含氢量

D. 减少焊缝变形

【答案】C

【解析】低氢焊条往往用在重要结构焊接中，该种焊条对气孔比较敏感，通过烘干去除水分，防止焊接气孔及防止由于氢的存在引起焊接冷裂纹。

38. ［中级］中厚板对接接头打底焊最好采用直径为（　　）mm的焊条。

A. 2.5　　　　B. 3.2　　　　C. 5　　　　D. 6

【答案】B

【解析】相对其他两种规格焊条，该直径焊条既能保证焊接质量，又能提高焊接效率。

39. ［中级］碳弧气刨时碳棒倾角一般为（　　　）。

A. $10°\sim 25°$ B. $25°\sim 60°$

C. $45°\sim 60°$ D. $25°\sim 45°$

【答案】D

【解析】该倾斜角度可以较好地将金属刨削下来，并顺利吹除掉。

40. ［中级］电弧区域温度分布是不均匀的，（　　　）区的温度最高。

A. 阴极 B. 阳极

C. 弧柱 D. 阴极斑点

【答案】B

【解析】因为电子发射导致阳极区域温度最高。

41. ［中级］不锈钢产生晶间腐蚀的"危险温度区"是（　　　）℃。

A. $150\sim 250$ B. $250\sim 450$

C. $450\sim 850$ D. $500\sim 800$

【答案】C

【解析】在 $450\sim 850$℃区域奥氏体不锈钢将非常容易出现晶间腐蚀。

42. ［中级］Cr5Mo 管道焊前预热温度为（　　　）℃。

A. $150\sim 250$ B. $250\sim 350$

C. $350\sim 450$ D. $400\sim 450$

【答案】B

【解析】$250\sim 350$℃预热既可以起到防止裂纹的目的，又可以较好地控制热输入，防止金属组织恶化。

43. ［中级］一般说焊接残余变形与残余应力的关系是（　　　）。

A. 焊接残余变形大，则焊接残余应力大

B. 焊接残余变形大，则焊接应力小

C. 焊接残余变形的大小与焊接残余应力大小无关

D. 焊接残余变形小，则焊接应力小

【答案】B

【解析】焊接残余应力和残余变形之间，变形大应力释放了，应力就小；变形小应力就大。

44. ［中级］气体保护焊时，保护气体成本最低的是（　　）。

A. Ar　　　　B. CO_2　　　　C. He　　　　D. N_2

【答案】B

【解析】CO_2 气体制造容易，成本低。

45. ［中级］CO_2 气体保护半自动焊过程中，手工操作用于完成（　　）。

A. 焊接热源的移动　　　　B. 焊丝的送进

C. CO_2 气体的透入　　　　D. 焊丝的刨削

【答案】A

【解析】半自动焊是送丝变成自动化，而焊枪移动仍然是手工操作，为此称为半自动焊。

46. ［中级］埋弧自动焊时，对焊接区域所采取的方法是（　　）。

A. 气保护　　　　　　　　B. 渣保护

C. 气渣联合保护　　　　　D. 其他保护

【答案】B

【解析】埋弧焊是靠焊接形成熔渣进行保护。

47. ［中级］低碳钢和普通低合钢焊接时，层间温度通常应（　　）预热温度。

A. 低于　　　　　　　　　B. 高于

C. 等于或略高于　　　　　D. 无关

【答案】C

【解析】低碳钢和普通低合钢焊接时，层间温度不可低于预热温度，应等于或略高于预热温度。

48.〔中级〕我国目前常用的 CO_2 气体保护焊机送丝结构的形式是（　　）。

A. 拉丝式　　　B. 推丝式　　　C. 推拉式　　　D. 推压式

【答案】B

【解析】即焊丝是通过送丝机上的滚轮将焊丝推送到焊枪导丝管出口。

49.〔中级〕直流钨极氩弧焊时，用高频振荡器的目的是（　　）。

A. 引弧　　　　　　　　　B. 消除直流成分

C. 减小飞溅　　　　　　　D. 减少残渣

【答案】A

【解析】高频振荡器即通过高频将钨极和工件间的空气电离形成电弧。

50.〔中级〕15CrMo 钢手弧焊时，应选用的焊条型号是（　　）。

A. R107　　　B. R307　　　C. R417　　　D. R510

【答案】B

【解析】依据等成分原则，15CrMo 钢手工焊条焊时，应选用 R307 焊条。

51.〔中级〕超低碳不锈钢中含 C 量应小于（　　）。

A. 0.01%　　B. 0.02%　　C. 0.03%　　　D. 0.04%

【答案】C

【解析】标准规定，超低碳不锈钢中含 C 量应小于 0.03%。

52.〔中级〕下列检查项目中，（　　）是属于焊接过程中的检验要求。

A. 坡口组对　　　　　　　B. 焊接规范控制

C. 射线探伤　　　　　　　D. 焊缝大小

【答案】B

【解析】焊接过程中的检验要求应该是焊接规范控制，其他两个选项分别为焊前及焊后检验项目。

53. 〔中级〕对焊工身体有害的高频电磁场产生在（　　）。

    A. 钨极氩弧焊　　　　　　　B. 埋弧自动焊

    C. CO_2 气体保护焊　　　　D. Ar 气体保护焊

【答案】A

【解析】钨极氩弧焊往往采用高频振荡器引弧，为此产生高频电磁场。

54. 〔中级〕若室内电线或设备着火，不应采用（　　）灭火。

    A. 砂土　　　　　　　　　　B. 二氧化碳或四氯化碳

    C. 水　　　　　　　　　　　D. 毛毯

【答案】C

【解析】因为普通自来水具有导电性，为此若室内电线或设备着火，不可采用水灭火。

55. 〔中级〕16Mn 钢手弧焊时，应选用的焊条型号是（　　）。

    A. E4303　　　B. E4315　　　C. E5015　　　D. E6015

【答案】C

【解析】依据等强度原则，16Mn 钢手弧焊时应选用 E5015 焊条。

56. 〔中级〕焊接 1Cr13 不锈钢要求焊缝具有良好的塑性时，可选择的焊条牌号是（　　）。

    A. J507　　　B. A202　　　C. A132　　　D. A303

【答案】B

【解析】因 A202 焊条 Cr 和 Ni 合金含量可以较好地满足要求，获得较好的焊缝塑性。

57. 〔高级〕在其他工艺参数不变的情况下，焊接电流越大，则焊接线能量＿＿＿＿，焊接速度越大，则焊接线能量＿＿＿＿（　　）。

    A. 越大，越小　　　　　　　B. 越大，越大

C. 越小，越小　　　　　　D. 越小，越大

【答案】A

【解析】焊接线能量大小与焊接电流成正比，与焊接速度成反比。

58. [高级] 减小薄板焊接波浪变形的措施包括（　　　）。

A. 反变形　　B. 刚性固定　　C. 预热　　　D. 热处理

【答案】B

【解析】波浪变形是一种不规则的变形，通过刚性固定方可进行适当控制。

59. [高级] 不锈钢中最危险的一种破坏形式是（　　　）。

A. 应力腐蚀　　B. 晶间腐蚀　　C. 裂纹　　　D. 油污

【答案】B

【解析】晶间腐蚀是一种危害极大的腐蚀，过程表现不明显，但结果可造成断裂等灾难性破坏。

60. [高级] CO_2 气体保护焊时，熔滴在极点压力作用下，易形成飞溅，因此焊接电源一般应为（　　　）。

A. 直流反接　　B. 直流正接　　C. 交流电源　　D. 混合接

【答案】A

【解析】直流反接方可使熔滴顺利向熔池过渡，否则将被吹得不能顺利进入熔池。

61. [高级] 在下列焊接缺陷中对脆性断裂影响最大的是（　　　）。

A. 裂纹　　　B. 气孔　　　C. 未熔合　　　D. 油污

【答案】A

【解析】裂纹最易导致脆性断裂，气孔及未熔合相对影响要小。

62. [高级] 乙炔与下列金属中的（　　　）长期接触，会产生爆炸性化合物。

A. Cu　　　　B. Fe　　　　C. Al　　　　D. Ag

【答案】A

【解析】乙炔铜可以在铜管或含铜量高的合金管道内部形成，可能会导致剧烈的爆炸。

63. ［高级］控制焊缝中含 N 量的措施主要是（   ）。

A. 加强焊接区的保护　　　　　B. 限制母材的 N 含量

C. 限制焊材的 N 含量　　　　　D. 采用 N_2 保护

【答案】A

【解析】N 主要存在于空气中，为此焊接时应加强焊接区保护，防止 N 进入焊缝熔池中。

64. ［高级］下列（   ）是正确的。

A. 装配顺序对焊接变形有影响

B. 焊接顺序对焊接变形没有影响

C. 焊接热输入对焊接变形没有影响

D. 焊接保护对焊接作用不大

【答案】A

【解析】装配不当将造成焊接变形较大。

65. ［高级］角变形和错边对结构脆性断裂带来不利影响的原因是（   ）。

A. 存在残余应力　　　　　　　B. 产生附加弯曲应力

C. 刚性大　　　　　　　　　　D. 刚性小

【答案】B

【解析】角变形和错边对结构脆性断裂带来不利影响的原因是产生附加弯曲应力。

66. ［高级］气焊铸铁与低碳钢焊接接头应采用（   ）火焰。

A. 氧化焰　　　　　　　　　　B. 碳化焰

C. 中性焰或轻微的碳化焰　　　D. 碳化焰或轻微的氧化焰

【答案】C

【解析】气焊铸铁与低碳钢焊接接头应采用中性焰或轻微的碳化焰，防止金属被氧化或者被渗碳。

67. ［高级］钢与铜及铜合金焊接时，比较理想的过渡材料是（　　）。

  A. 不锈钢   B. 奥氏体不锈钢

  C. 铜及铜合金   D. 纯镍

【答案】D

【解析】镍可以与钢及铜等形成较好的熔合。

68. ［高级］奥氏体钢与珠光体钢焊接时，最好选用（　　）接近与珠光体钢的镍基合金型材料。

  A. 比热容   B. 线膨胀系数

  C. 化学成分   D. 导热性能

【答案】B

【解析】线膨胀系数接近可以降低热应力。

69. ［高级］表示在不同温度条件下，不同含碳量的铁碳合金所达到的状态，晶体结构及显微组织特征的图称为（　　）。

  A. 金属结晶图   B. 体心立方晶格图

  C. 铁碳合金状态图   D. 铁碳合金晶格图

【答案】C

【解析】铁碳合金状态图能够表示在不同温度条件下，不同含碳量的铁碳合金所达到的状态，晶体结构及显微组织特征。

70. ［高级］为了使焊接电弧稳定燃烧，应该（　　）。

  A. 提高电源的空载电压

  B. 降低电源的空载电压

  C. 在焊条药皮或焊剂中添加稳定弧剂

  D. 在焊条药皮或焊剂中添加中和药剂

【答案】C

【解析】稳弧剂可以起到焊接中稳定电弧的作用。

三、多选题

1. ［初级］焊条电弧焊用电焊钳的作用是（　　）。

  A. 夹持焊条   B. 夹持焊丝

C. 输送气体　　　　　　　　D. 传导电流

E. 冷却焊条　　　　　　　　F. 传导热量

【答案】AD

【解析】焊条电弧焊用电焊钳的作用是夹持焊条和传导电流，电焊钳不具有其他几个选项的作用。

2. ［初级］低合金钢焊条是按（　　）来划分型号的。

A. 熔敷金属的力学性能　　　B. 熔敷金属的组织

C. 药皮类型　　　　　　　　D. 焊接位置

E. 电流种类　　　　　　　　F. 焊条直径

【答案】ACDE

【解析】低合金钢焊条型号划分与熔敷金属的组织及焊条直径无关。

3. ［初级］不锈钢焊条是按（　　）来划分型号的。

A. 熔敷金属的力学性能　　　B. 熔敷金属的化学成分

C. 药皮类型　　　　　　　　D. 焊接位置

E. 电流种类　　　　　　　　F. 焊条直径

【答案】BCDE

【解析】不锈钢焊条型号划分与熔敷金属的力学性能无关。

4. ［初级］优质碳素结构钢埋弧焊时，如采用 HJ431 牌号的焊剂，可配合使用（　　）牌号的焊丝。

A. H08A　　　　　　　　　　B. H08MnA

C. H08Mn2SiA　　　　　　　D. H08Mn2MoA

E. H10Mn2SiA　　　　　　　F. H1Cr24Ni10

【答案】AB

【解析】碳素结构钢埋弧焊时，HJ431 牌号的焊剂采用 H08A 及 H08MnA 焊丝即可，因 HJ431 中含有了 Mn 及 Si 等脱氧成分，另外碳素结构钢焊接时也不需要含 Cr、Ni 的焊丝。

5. ［初级］氩气是一种（　　）气体。

A. 惰性　　　　　　　　　　B. 氧化性

C. 不与金属起化学反应的　　D. 不溶解于金属中的

E. 使金属容易氧化的　　　　F. 可溶解于金属中的

【答案】ACD

【解析】氩气是一种惰性气体，不具有氧化性，并且不溶解于金属中。

6.［初级］焊丝牌号尾部标有"A""C""E"字母时，表明（　　）的含量更低。

A. 铁　　　　B. 碳　　　　C. 硅　　　　D. 锰

E. 硫　　　　F. 磷

【答案】EF

【解析】焊丝牌号尾部标有"A""C""E"字母时，表明硫、磷含量更低。

7.［初级］管道或管板定位焊焊缝是正式焊缝的一部分，因此不得有（　　）缺陷。

A. 裂纹　　　　　　　　　B. 夹渣

C. 冷缩孔　　　　　　　　D. 焊缝尺寸略宽

E. 未焊透　　　　　　　　F. 焊缝余高略小

【答案】ABCE

【解析】定位焊缝涉及的缺陷不包括焊缝尺寸略宽及焊缝余高略小等焊缝表面缺陷。

8.［初级］焊前预热的主要目的是（　　）。

A. 减少焊接应力　　　　　B. 提高焊缝强度

C. 有利于氢的逸出　　　　D. 降低淬硬倾向

E. 提高耐腐蚀性　　　　　F. 防止冷裂纹

【答案】ACDF

【解析】焊缝强度及耐腐蚀性不能通过焊缝预热提高。

9.［初级］手工钨极氩弧焊的基本组成包括（　　）等。

A. 焊接电源　　　　　　　B. 控制系统

C. 引弧装置　　　　　　　D. 稳弧装置

E. 焊枪　　　　　　　　　F. 气路系统

【答案】ABCDEF

【解析】以上这些项构成了手工钨极氩弧焊的设备。

10. ［初级］半自动 CO_2 气体保护焊机主要由（　　）组成。

A. 焊接电源　　　　　　　　B. 控制系统

C. 送丝系统　　　　　　　　D. 引弧和稳弧装置

E. 焊枪　　　　　　　　　　F. 气路系统

【答案】ABCEF

【解析】半自动 CO_2 气体保护焊机不包括引弧和稳弧装置。

11. ［初级］埋弧自动焊与焊条电弧焊相比其优点有（　　）。

A. 生产效率高　　　　　　　B. 焊接接头质量好

C. 对气孔敏感性小　　　　　D. 节约焊接材料和电能

E. 降低劳动强度，劳动条件好

【答案】ABDE

【解析】埋弧自动焊因焊剂选择不当及质量不合格也容易出现气孔等缺陷。

12. ［初级］埋弧自动焊最主要的工艺参数有（　　）。

A. 焊接电流　　　　　　　　B. 电弧电压

C. 焊接速度　　　　　　　　D. 焊剂粒度

E. 焊剂层厚度

【答案】ABC

【解析】焊剂粒度、焊剂层厚度不属于埋弧自动焊的工艺参数。

13. ［中级］ CO_2 焊时熔滴过渡形式主要有（　　）。

A. 短路过渡　　　　　　　　B. 断路过渡

C. 粗滴过渡　　　　　　　　D. 喷射过渡

E. 射流过渡

【答案】AC

【解析】喷射过渡及射流过渡主要用在氩气保护焊接中，对于"断路过渡"没有这种过渡方式。

14. ［中级］CO_2 气体保护焊的焊接工艺参数有（　　）。

A. 焊丝直径　　　　　　　　B. 焊接电流

C. 电弧电压　　　　　　　　D. 焊接速度

E. 气体流量

【答案】ABCDE

【解析】以上几项均是 CO_2 气体保护焊的焊接工艺参数。

15. ［中级］CO_2 焊时焊接电流根据（　　）来选择。

A. 工件厚度　　　　　　　　B. 焊丝直径

C. 施焊位置　　　　　　　　D. 熔滴过渡形式

E. 电源极性　　　　　　　　F. 焊丝牌号

【答案】ABCD

【解析】电源极性、焊丝牌号与 CO_2 焊时焊接电流选择无关。

16. ［中级］电阻焊与其他焊接方法相比的优点主要有（　　）。

A. 变形小　　　　　　　　　B. 焊接速度快，生产率高

C. 成本较低　　　　　　　　D. 焊机容量大

E. 操作简单　　　　　　　　F. 改善劳动条件

【答案】ABCEF

【解析】焊机容量大不是电阻焊与其他焊接方法相比的优点。

17. ［中级］电弧焊时氢的来源有（　　）。

A. 焊条药皮和焊剂中的水分　B. 工件和焊丝锈中结晶水

C. 空气中的水蒸气　　　　　D. 工件和焊丝表面油污

E. 焊条药皮中的有机物　　　F. CO_2 气中的水分

【答案】ABCDEF

【解析】以上几个方面都是电弧焊时氢的来源。

18. ［中级］控制和改善焊接接头性能的方法有（　　）。

A. 材料匹配

B. 选择合适的焊接工艺方法

C. 控制熔合比

D. 选用合适的焊接工艺参数

E. 采用合理的焊接操作方法

F. 进行焊后热处理

【答案】ABCDEF

【解析】以上几方面都是控制和改善焊接接头性能的方法。

19. ［中级］强度级别较高的低合金高强度结构钢焊接工艺特点有（　　）。

A. 焊前预热

B. 控制线能量

C. 采取降低含氢量的工艺措施

D. 长弧焊

E. 后热和焊后热处理

【答案】ABCE

【解析】强度级别较高的低合金高强度结构钢焊接易产生冷裂纹，需要采取以上措施，但其中长弧焊不是需要采取的措施，往往采取短弧焊接。

20. ［中级］珠光体耐热钢的焊接主要存在（　　）问题。

A. 易产生冷裂纹　　　　　　　B. 易产生热裂纹

C. 易产生再热裂纹　　　　　　D. 易产生晶间腐蚀

E. 易产生应力腐蚀

【答案】AC

【解析】珠光体耐热钢焊接时冷裂纹是最主要的问题，其次是再热裂纹等。而热裂纹、晶间腐蚀及应力腐蚀不是珠光体耐热钢焊接时的主要问题。

21. ［中级］不锈钢按正火状态下的组织不同分为（　　）。

A. 珠光体不锈钢　　　　　　　B. 马氏体不锈钢

C. 铁素体不锈钢　　　　　　　D. 奥氏体不锈钢

E. 莱氏体不锈钢　　　　　　　F. 奥氏体—铁素体型不锈钢

【答案】BCDF

【解析】珠光体不锈钢、莱氏体不锈钢不是不锈钢正火状态下的组织。

22. 〔中级〕奥氏体不锈钢焊接工艺的特点是（　　　）。

A. 采用小线能量，小电流快速焊

B. 要快速冷却

C. 焊前预热，焊后缓冷

D. 不进行预热和后热

E. 焊后消除应力退火

F. 一般不进行消除焊接残余应力热处理

【答案】ABDF

【解析】奥氏体不锈钢焊接时主要问题是焊接热裂纹及耐腐蚀性降低，而冷裂纹不是奥氏体不锈钢焊接的问题，为此不需要焊前预热，焊后缓冷，也不需要焊后消除应力退火。

23. 〔中级〕焊接外部缺陷位于焊缝外表面，用肉眼或低倍放大镜就可看到，如（　　　）等。

A. 焊缝尺寸不符合要求　　　　B. 咬边

C. 弧坑缺陷　　　　　　　　　D. 表面气孔

E. 表面裂纹

【答案】ABCDE

【解析】以上缺陷都可能出现在焊缝表面，表面缺陷能用肉眼或低倍放大镜看到。

24. 〔中级〕焊接检验的目的在于（　　　）。

A. 检查焊接应力大小

B. 发现焊接缺陷

C. 确保产品的焊接质量

D. 确保产品的安全使用

E. 提高焊接接头强度

F. 检验焊接接头的性能

【答案】BCDF

【解析】常规焊接检验无法检验到焊接应力大小，另外也不可能提高焊接接头的强度。

25. ［高级］铁锈没清除干净会引起（　　）焊接缺陷。

A. 气孔　　　　B. 热裂纹　　　　C. 再热裂纹　　　D. 冷裂纹

E. 夹渣　　　　F. 未焊透

【答案】ADEF

【解析】热裂纹、再热裂纹产生与铁锈无关，即与氧化物及氢等无关。

26. ［高级］（　　）是防止气孔的措施。

A. 碱性焊条施焊时采用短弧

B. 焊条和焊剂严格烘干

C. 严格清理焊丝和工件坡口两侧的油、锈、水分

D. 焊后热处理

E. 焊接电流和焊接速度要合适

F. 改善结构的应力状态

【答案】ABCE

【解析】焊后热处理无法防止气孔，只能去除应力及氢；而改善结构的应力状态也与防止气孔无关。

27. ［高级］焊条电弧焊时产生夹渣的原因有（　　）。

A. 碱性焊条施焊时弧长短

B. 焊条和焊剂未严格烘干

C. 焊件边缘及焊层、焊道之间清理不干净

D. 焊条角度和运条方法不当

E. 焊接电流太小焊接速度过快

F. 坡口角度小

【答案】CDEF

【解析】"碱性焊条施焊时弧长短"、"焊条和焊剂未严格烘干易产生气孔"均与夹渣无关。

28. ［高级］防止未熔合的措施主要有（　　）。

A. 焊条和焊炬的角度要合适

B. 焊条和焊剂严格烘干

C. 认真清理工件坡口和焊缝上的脏物

D. 防止电弧偏吹

E. 用稍大的焊接电流和合适的焊接速度

F. 改善结构的应力状态

【答案】ACDE

【解析】焊条和焊剂严格烘干主要目的防止气孔及裂纹，改善结构应力状态也是为了防止裂纹等，它们与防止未熔合无关。

29. [高级] 焊接结构经过检验，当（　　）时，均需进行返修。

A. 焊缝内部有超过无损探伤标准的缺陷

B. 焊缝表面有裂纹

C. 焊缝表面有气孔

D. 焊缝收尾处有大于 0.5mm 深的坑

E. 焊缝表面有大于 0.5mm 的咬边

F. 焊接接头存在较大的焊接应力

【答案】ABCDE

【解析】焊接返修无法消除焊接应力，往往会增大焊接应力。

30. [高级] 焊接结构返修次数增加，会使（　　）。

A. 焊接应力减小　　　　　　B. 金属晶粒粗大

C. 金属硬化　　　　　　　　D. 引起裂纹等缺陷

E. 提高焊接接头强度　　　　F. 降低接头的性能

【答案】BCDF

【解析】焊接返修无法消除焊接应力，往往会增大焊接应力。另外也返修不会提高焊接接头强度。

四、案例题

第一题　　焊条电弧焊钢板对接平焊单面焊双面成型

1. 操作要求

（1）采用焊条电弧焊，单面焊双面成型。

（2）焊件坡口形式为 V 形坡口，坡口面角度为 $32°±2°$。

（3）焊接位置为平焊。

（4）钝边高度与间隙自定。

（5）试件坡口两端不得安装引弧板。

（6）焊前焊件坡口两侧 $10\sim20mm$ 清油除锈，试件正面坡口内两端点固定，长度$≤20mm$，点固焊时允许做反变形。

（7）定位装配后，将装配好的试件固定在操作架上；试件一经施焊不得任意更换和改变焊接位置。

（8）焊接过程中劳保用品穿戴整齐；焊接工艺参数选择正确。焊后焊件保持原始状态。

（9）焊接完毕，关闭电焊机，工具摆放整齐，场地清理干净。

2. 准备工作

（1）材料准备 Q235，$δ＝12mm$ 的钢板 2 块，规格为 $300mm×100mm$，坡口面角度 $32°±2°$焊条 E4303$φ3.2$ 或 $φ4.0$。

（2）设备准备：直流逆变焊机 1 台。

（3）工具准备：台虎钳 1 台，克丝钳 1 把，锤子 1 把，钢丝刷、锉刀、活扳手、台式砂轮或角向磨光机等。

（4）劳保用品准备：自备。

3. 考核时限

基本时间：准备时间 30min，正式操作时间 60min。

时间允许差：每超过 5min 扣总分 1 分，不足 5min 按 5min 计算，超过额定时间 15min 不得分。

4. 评分项目及标准

序号	评分要素	配分	评分标准
1	焊前准备	10	(1)工件清理不干净,点固定位不正确,扣 5 分; (2)焊接参数调整不正确,扣 5 分
2	焊缝外现质量	40	(1)焊缝余高>3mm,扣 4 分; (2)焊缝余高差>2mm,扣 4 分; (3)焊缝宽度差>3mm,扣 4 分; (4)背面余高>3mm,扣 4 分;

序号	评分要素	配分	评分标准
2	焊缝外现质量	40	(5)焊缝直线度>2mm,扣4分; (6)角变形>3°,扣4分; (7)错边>1.2mm,扣4分; (8)背面凹坑深度>1.2mm或长度>26mm,扣4分; (9)咬边深度≤0.5mm,累计长度每5mm扣1分,咬边深度>0.5mm或累计长度>26mm,扣8分。 注意:① 焊缝表面不是原始状态,有加工、补焊、返修等现象或有裂纹、气孔、夹渣、未熔合等任何缺陷存在,此项考试不合格; ② 焊缝外现质量得分低于24分,此项考试不合格
3	焊缝内部质量	40	(1)射线探伤后按JB4730评定焊缝质量达到Ⅰ级,扣0分; (2)焊缝质量达到Ⅱ级,扣10分; (3)焊缝质量达到Ⅲ级,此项考试不合格
4	安全文明生产	10	(1)劳保用品穿戴不全,扣2分; (2)焊接过程中有违反安全操作规程的现象,根据情况扣2~5分; (3)焊接完毕后,场地清理不干净,工具码放不整齐,扣3分

第二题　焊条电弧焊钢板 T 形接头平焊

1. 操作要求

（1）焊接方法为焊条电弧焊。

（2）母材钢号为 Q235。

（3）焊接位置为平角焊。

（4）焊件坡口形式为 I 形坡口

（5）试件焊口两端不得安装引弧板。

（6）焊前将焊件（立板、底板）待焊区两侧 10～20mm 清油除锈。

（7）沿板件的长度（300mm）方向组成 T 形接头，立板垂直居中于底板（平分：150mm）。

（8）定位焊缝位于 T 形接头的首尾两处焊道内，长度≤20mm。

（9）定位装配后，将装配好的试件固定在操作架上；试件一经施焊不得任意更换和改变焊接位置。

（10）焊接过程中劳保用品穿戴整齐；焊接工艺参数选择正确，焊后焊件保持原始状态。

（11）焊接完毕，关闭电焊机，工具摆放整齐，场地清理干净。

2. 准备工作

（1）材料准备 Q235，δ＝12mm 的钢板 2 块，规格为 300mm×100mm，底板 300mm×150mm；焊条 E4303ϕ3.2。

（2）设备准备：直流逆变焊机 1 台。

（3）工具准备：台虎钳 1 台，克丝钳 1 把，锤子 1 把，钢丝刷、锉刀、活扳手、台式砂轮或角向磨光机等。

（4）劳保用品准备：自备。

3. 考核时限

基本时间：准备时间 30min，正式操作时间 40min。

时间允许差：每超过 5min 扣总分 1 分，不足 5min 按 5min 计算，超过额定时间 13min 不得分。

4. 评分项目及标准

序号	评分要素	配分	评分标准
1	焊前准备	10	（1）工件清理不干净，点固定位不正确，扣 5 分； （2）焊接参数调整不正确，扣 5 分
2	焊缝外现质量	40	（1）焊缝凹度>15mm，扣 7 分； （2）焊缝凸度>15mm，扣 7 分； （3）焊缝焊脚尺寸>16mm 或<12mm，扣 8 分； （4）焊缝直线度>2mm，扣 8 分； （5）咬边深度≤0.5mm，累计长度每 5mm 扣 1 分，咬边深度>0.5mm 或累计长度>26mm，扣 10 分。 注意：①焊缝表面不是原始状态，有加工、补焊、返修等现象或有裂纹、气孔、夹渣、未熔合等任何缺陷存在。此项考试不合格； ②焊缝外现质量得分低于 24 分，此项考试不合格

序号	评分要素	配分	评分标准
3	焊缝内部质量	40	垂直于焊缝长度方向上截取金相试样,共3个面,采用目视或5倍放大镜进行宏观检验。每个试样检查面经宏观检验: (1)当只有小于或等于0.5mm的气孔或夹渣且数量不多于3个时,每出现1个扣1分; (2)当出现大于0.5mm,不大于1.5mm的气孔或夹渣,且数量不多于1个时,扣2分。 注意:任何一个试样检查面经宏观检验有裂纹和未熔合存在。或出现超过上述标准的气孔和夹渣,或接头根部熔深小于0.5mm,此项考试不合格
4	安全文明生产	10	(1)劳保用品穿戴不全,扣2分; (2)焊接过程中有违反安全操作规程的现象,根据情况扣2~5分; (3)焊接完毕后,场地清理不干净,工具码放不整齐,扣3分

第三题　焊条电弧焊钢板对接横焊

1. 操作要求

(1) 采用焊条电弧焊。

(2) 焊件坡口形式为 V 形坡口,坡口面角度为 $32°\pm2°$。

(3) 焊接位置为横焊。

(4) 钝边高度与间隙自定。

(5) 试件坡口两端不得安装引弧板。

(6) 焊前焊件坡口两侧 10~20mm 清油除锈,试件正面坡口内两端点固定,长度≤20mm,点固焊时允许做反变形。

(7) 定位装配后,将装配好的试件固定在操作架上;试件一经施焊不得任意更换和改变焊接位置。

(8) 焊接过程中劳保用品穿戴整齐;焊接工艺参数选择正确,焊后焊件保持原始状态。

(9) 焊接完毕,关闭电焊机,工具摆放整齐,场地清理干净。

2. 准备工作

(1) 材料准备 Q235,$\delta=12$mm 的钢板 2 块,规格为 300mm×

100mm，坡口面角度 32°±2°焊条 E5015φ3.2 或 φ3.2。

（2）设备准备：直流逆变焊机 1 台。

（3）工具准备：台虎钳 1 台，克丝钳 1 把，锤子 1 把，钢丝刷、锉刀、活扳手、台式砂轮或角向磨光机等。

（4）劳保用品准备：自备。

3. 考核时限

基本时间：准备时间 30min，正式操作时间 60min。

时间允许差：每超过 5min 扣总分 1 分，不足 5min 按 5min 计算，超过额定时间 15min 不得分。

4. 评分项目及标准

序号	评分要素	配分	评分标准
1	焊前准备	10	(1)工件清理不干净,点固定位不正确,扣 5 分; (2)焊接参数调整不正确,扣 5 分
2	焊缝外观质量	40	(1)焊缝余高>3mm,扣 4 分; (2)焊缝余高差>2mm,扣 4 分; (3)焊缝宽度差>3mm,扣 4 分; (4)背面余高>3mm,扣 4 分; (5)焊缝直线度>2mm,扣 4 分; (6)角变形>3°,扣 4 分; (7)错边>1.2mm,扣 4 分; (8)背面凹坑深度>1.2mm 或长度>26mm,扣 4 分; (9)咬边深度≤0.5mm,累计长度每 5mm 扣 1 分,咬边深度>0.5mm 或累计长度>26mm,扣 8 分。 注意:①焊缝表面不是原始状态,有加工、补焊、返修等现象或有裂纹、气孔、夹渣、未熔合等任何缺陷存在,此项考试不合格; ②焊缝外观质量得分低于 24 分,此项考试不合格
3	焊缝内部质量	40	(1)射线探伤后按 JB4730 评定焊缝质量达到 I 级,扣 0 分; (2)焊缝质量达到 II 级,扣 10 分; (3)焊缝质量达到 III 级,此项考试不合格
4	安全文明生产	10	(1)劳保用品穿戴不全,扣 2 分; (2)焊接过程中有违反安全操作规程的现象,根据情况扣 2~5 分; (3)焊接完毕后,场地清理不干净,工具码放不整齐,扣 3 分

第四题　大口径管水平固定手工钨极氩弧焊打底、焊条电弧焊填充盖面

1. 操作要求

（1）手工钨极氩弧焊＋焊条电弧焊，单面焊双面成型。

（2）焊件坡口形式为 V 形坡口，坡口面角度 $32°\pm2°$。

（3）焊接位置为水平固定。

（4）钝边高度与间隙自定。

（5）焊前焊件坡口两侧 10～20mm 清油除锈，坡口内点固两点，长度≤20mm，定位焊位置不应位于管道横截面上相当于"时钟 6 点"位置，点固焊时允许做反变形。

（6）定位装配后，将装配好的试件固定在操作架上；试件一经施焊不得任意更换和改变焊接位置。

（7）焊接过程中劳保用品穿戴整齐；焊接工艺参数选择正确，焊后焊件保持原始状态。

（8）焊接完毕，关闭电焊机和气瓶，工具摆放整齐，场地清理干净。

2. 准备工作

（1）材料准备：20 钢管 2 节，规格为 $\phi133mm \times 10mm \times 100mm$；焊丝 H08Mn2SiA，2.5mm；钨极 WCeϕ2.5；氩气 1 瓶；电焊条 E4303/E5015，直径自选。

（2）设备准备：高频氩弧焊机或钨极氢弧焊机 1 台或直流手工焊机 1 台。

（3）工具准备：台虎钳 1 台，克丝钳 1 把，保温桶、钢丝刷、锉刀、活扳手、台式砂轮或角向磨光机、焊缝测量尺等。

（4）劳保用品准备：自备。

3. 考核时限

基本时间：准备时间 20min，正式操作时间 60min。

时间允许差：每超过 5min 扣总分 1 分，不足 5min 按 5min 计算，超过额定时间 15min 不得分。

4. 评分项目及标准

序号	评分要素	配分	评分标准
1	焊前准备	10	(1)工件清理不干净,点固定位不正确,扣5分; (2)焊接参数调整不正确,扣5分
2	焊缝外现质量	40	(1)焊缝余高>3mm,扣6分; (2)焊缝余高差>2mm,扣6分; (3)焊缝宽度差>3mm,扣6分; (4)背面余高>3mm,扣4分; (5)焊缝直线度>2mm,扣4分; (6)背面凹坑深度0~2.0mm、长度≤80mm,每20mm扣3分; (7)咬边深度≤0.5mm,累计长度每5mm扣1分,咬边深度>0.5mm或累计长度>40mm,扣8分。 注意:①焊缝表面不是原始状态,有加工、补焊、返修等现象或有裂纹、气孔、夹渣、未熔合等任何缺陷存在,此项考试不合格; ②焊缝外现质量得分低于24分,此项考试不合格
3	焊缝内部质量	40	(1)射线探伤后按JB4730评定焊缝质量达到Ⅰ级,扣0分; (2)焊缝质量达到Ⅱ级,扣10分; (3)焊缝质量达到Ⅲ级,此项考试不合格
4	安全文明生产	10	(1)劳保用品穿戴不全,扣2分; (2)焊接过程中有违反安全操作规程的现象,根据情况扣2~5分; (3)焊接完毕后,场地清理不干净,工具码放不整齐,扣3分

第五题 CO_2 半自动气体保护焊钢板对接平焊单面焊双面成型

1. 操作要求

(1) CO_2 半自动气体保护焊,单面焊双面成型。

(2) 焊件坡口形式为 V 形坡口,坡口面角度 32°±2°。

(3) 焊接位置为平位。

(4) 钝边高度与间隙自定。

(5) 试件坡口两端不得安装引弧板。

（6）焊前焊件坡口两侧 10～20mm 清油除锈，试件正面坡口内两端点固，长度≤20mm，点固焊时允许做反变形。

（7）定位装配后，将装配好的试件固定在操作架上；试件一经施焊不得任意更换和改变焊接位置。

（8）焊接过程中劳保用品穿戴整齐；焊接工艺参数选择正确，焊后焊件保持原始状态。

（9）焊接完毕，关闭电焊机和气瓶，工具摆放整齐，场地清理干净。

2. 准备工作

（1）材料准备 Q235，$\delta=12$mm 的钢板 2 块，规格为300mm×100mm；焊丝 H08Mn2SiAϕ1.2mm；CO_2 气体 1 瓶。

（2）设备准备：CO_2 气体保护焊机 1 台。

（3）工具准备：台虎钳 1 台，克丝钳 1 把，钢丝刷、锉刀、活扳手、台式砂轮或角向磨光机、焊缝测量尺等。

（4）劳保用品准备：自备。

3. 考核时限

基本时间：准备时间 30min，正式操作时间 40min。

时间允许差：每超过 5min 扣总分 1 分，不足 5min 按 5min 计算，超过额定时间 15min 不得分。

4. 评分项目及标准

序号	评分要素	配分	评分标准
1	焊前准备	10	（1）工件清理不干净，点固定位不正确，扣 5 分； （2）焊接参数调整不正确，扣 5 分
2	焊缝外观质量	40	（1）焊缝余高>3mm，扣 4 分； （2）焊缝余高差>2mm，扣 4 分； （3）焊缝宽度差>3mm，扣 4 分； （4）背面余高>3mm，扣 4 分； （5）焊缝直线度>2mm，扣 4 分； （6）角变形>3°，扣 4 分； （7）错边>1.2mm，扣 4 分； （8）背面凹坑深度>1.2mm 或长度>26mm，扣 4 分；

序号	评分要素	配分	评分标准
2	焊缝外现质量	40	（9）咬边深度≤0.5mm，累计长度每5mm扣1分，咬边深度＞0.5mm或累计长度＞26mm，扣8分。 注意：①焊缝表面不是原始状态，有加工、补焊、返修等现象或有裂纹、气孔、夹渣、未熔合等任何缺陷存在，此项考试不合格； ②焊缝外现质量得分低于24分，此项考试不合格
3	焊缝内部质量	40	（1）射线探伤后按JB4730评定焊缝质量达到Ⅰ级，扣0分； （2）焊缝质量达到Ⅱ级，扣10分； （3）焊缝质量达到Ⅲ级，此项考试不合格
4	安全文明生产	10	（1）劳保用品穿戴不全，扣2分； （2）焊接过程中有违反安全操作规程的现象，根据情况扣2～5分； （3）焊接完毕后，场地清理不干净，工具码放不整齐，扣3分

第六题　大直径管对接水平转动 CO_2 半自动气体保护焊

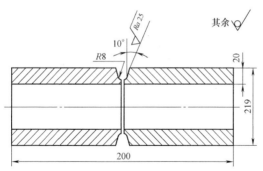

图　大直径管对接水平转动焊（单位：mm）

1. 操作要求

（1）CO_2 半自动气体保护焊，单面焊双面成型。

（2）焊件坡口形式为 U 形坡口。

（3）焊接位置为水平转动焊。

（4）钝边高度与间隙自定。

（5）焊前焊件坡口两侧 10～20mm 清油除锈，定位焊时注意保证管子轴线对正，三点定位，打底焊接头时允许修磨。

（6）焊接过程中劳保用品穿戴整齐；焊接工艺参数选择正确，焊后焊件保持原始状态。

（7）焊接完毕，关闭电焊机和气瓶，工具摆放整齐，场地清理干净。

2. 准备工作

（1）材料准备：焊接母材钢号 20，焊件尺寸 219mm×20mm ×200mm；焊丝 H08Mn2SiA ϕ1.2mm；CO_2 气体 1 瓶。

（2）设备准备：CO_2 气体保护焊机 1 台。

（3）工具准备：钢丝刷、锉刀、锤子、砂轮机或角向磨光机、钢直尺、钢丝钳焊缝测量尺等。

（4）劳保用品准备：自备。

3. 考核时限

基本时间：准备时间 30min，正式操作时间 60min

时间允许差：每超过 5min 扣总分 1 分，不足 5min 按 5min 计算，超过额定时间 15min 不得分。

4. 考核分配及评分标准

序号	评分要素	配分	评分标准
1	焊前准备	10	（1）工件清理不干净，点固定位不正确，扣 5 分； （2）焊接参数调整不正确，扣 5 分
2	焊缝外现质量	40	（1）焊缝余高>3mm，扣 6 分； （2）焊缝余高差>2mm，扣 6 分； （3）焊缝宽度差>3mm，扣 6 分； （4）背面余高>3mm，扣 4 分； （5）焊缝直线度>2mm，扣 4 分； （6）背面凹坑深度 0～2.0mm、长度≤80mm，每 20mm 扣 3 分； （7）咬边深度≤0.5mm，累计长度每 10mm 扣 1 分，咬边深度>0.5mm 或累计长度>137mm，扣 8 分。 注意：①焊缝表面不是原始状态，有加工、补焊、返修等现象或有裂纹、气孔、夹渣、未熔合等任何缺陷存在，此项考试不合格； ②焊缝外现质量得分低于 24 分，此项考试不合格

序号	评分要素	配分	评分标准
3	焊缝内部质量	40	(1)射线探伤后按 JB4730 评定焊缝质量达到Ⅰ级,扣 0 分; (2)焊缝质量达到Ⅱ级,扣 10 分; (3)焊缝质量达到Ⅲ级,此项考试不合格
4	安全文明生产	10	(1)劳保用品穿戴不全,扣 2 分; (2)焊接过程中有违反安全操作规程的现象,根据情况扣 2~5 分; (3)焊接完毕后,场地清理不干净,工具码放不整齐,扣 3 分

参 考 文 献

［1］ 陈祝年. 焊接工程师手册［M］. 北京：机械工业出版社，2016.

［2］ 孟宇泽. 电焊工（初级）［M］. 北京：中国劳动社会保障出版社，2012.

［3］ 左义生. 电焊工（中级）［M］. 北京：中国劳动社会保障出版社，2012.

［4］ 刘云龙. 焊焊工（中级）［M］. 北京：机械工业出版社，2014.